独 立 女 人 的 七 堂 精 进 课

果敢的优雅

于亭婷 / 著

民主与建设出版社

·北京·

图书在版编目（CIP）数据

果敢的优雅：独立女人的七堂精进课 / 于亭婷著
.-- 北京：民主与建设出版社，2020.6
ISBN 978-7-5139-2965-3

Ⅰ.①果… Ⅱ.①于… Ⅲ.①女性 – 修养 – 通俗读物
Ⅳ.① B825.5-49

中国版本图书馆 CIP 数据核字（2020）第 048804 号

果敢的优雅：独立女人的七堂精进课
GUOGAN DE YOUYA: DULI NÜREN DE QITANG JINGJINKE

著　　者	于亭婷
责任编辑	程　旭　周　艺
封面设计	平　平
出版发行	民主与建设出版社有限责任公司
电　　话	（010）59417747　59419778
地　　址	北京市海淀区西三环中路 10 号望海楼 E 座 7 层
邮　　编	100142
印　　刷	天津旭非印刷有限公司
版　　次	2020 年 6 月第 1 版
印　　次	2020 年 6 月第 1 次印刷
开　　本	787 毫米 ×1092 毫米　1 / 32
印　　张	7.5
字　　数	120 千字
书　　号	ISBN 978-7-5139-2965-3
定　　价	42.80 元

注：如有印、装质量问题，请与出版社联系。

敢于优雅的勇气

一天，我和一位朋友一起吃午餐。谈及这本书时，他问我："对你来说，优雅的核心到底是什么呢？"

我停下手中的刀叉，将目光停留在盘中的食物上，思考了五到六秒，抬起头说："是时刻保有一种尊严感。"

"什么样的尊严感？是要让他人觉得你有尊严，还是？"

"不，是在对待一切事物的关系中，意识到双方都享有某种尊严。比如，面对盘里的食物，知道它来自一个曾经鲜活的生命，所以，即使它此时成了我们的食物，仍自带一种尊严——这就是优雅。反过来说，另一个优雅的人也会这样待我。"

"有意思的定义。"朋友说。

深秋的某一天，这本书的初稿终于完成的那个傍晚，我带着使命完成的快感，穿过街道去对面的店买水。

走过斑马线的时候，好像不是我自己在走路，而是有什么力量推着我在走——我仿佛置身于浩渺宇宙之中，身体是如此的轻快和挺拔。

我知道，那是创作、创造带给我的最高犒赏——一种超脱于万物之外的身心愉悦，持久而绵长。

在写这本书的过程中，我的事业已经比较稳定了，所以，我的心绪中也就剔除了"野心"二字，走向了平和与宁静。但不能不说，对于这本书，我仍是心怀忐忑的。但这忐忑背后的核心却是笃定——更是对追求个人成长、探索自我潜力以及分享与学习的热爱与肯定。

可以说，本书是一部"印象"与"主见"的结合体，其中不乏我认为能够很快产生一些现实效果的方法，供读者们参考和借鉴。这一切，始于我始终不懈的对于美的追求。要知道，虽然美感不可统一量化，也无法复制，但审美力却是可以学习和提升的。

是的，这些都关乎外在的优雅，而中间再加入一个"果敢"的内核，就好比美人的皮相之下有了紧实肌肉的支撑。

那么，优雅与果敢是什么关系呢？优雅在外，果敢在内；优雅是舞姿，果敢是气力；优雅是时尚，果敢是文化；优雅是一个人的神，果敢是一个人的魂。

优雅是时时刻刻可以彰显出来的，果敢却不必声张——坚强的内心，是一切问题的答案。

感谢在这本书的写作过程中，编辑党霄羽、资深出版人石姐、《搜索力》的作者兼著名出版人刘sir的支持与帮助，以及所有幕后设计与策划人员贡献的智慧。责编团队与作者之间的共鸣、相互欣赏与扶持，是一部好作品能问世的根基。

C目录
ontents

独立的思辨力：
深思熟虑的魅力，好过不假思索的张扬

独立的人格：
你可以不必做一只冬天的刺猬

独立的思想：
内心才是一切的答案

独立的姿态：
对自己稍有限制，稳步向前

独立的生活方式：
心怀厨房与爱，才能历遍山川湖海

独立的能力：
内心有伞，自然不惧风骤雨急

CHAPTER **01**

独立的底气：

有野心也是件优雅的事儿

重要的不是你现在是谁，而是你想成为谁

一位朋友问我："是什么让你这样每天兴致勃勃、从不间断地努力？"

"因为，我清晰地知道自己十年后会成为什么样子。"我笃定地说道。

因为我清晰地知道十年后我想要成为的样子，比如，看起来依然神采奕奕；有坚定的眼神；保持苗条性感的身材；事业发展稳定；有一定的影响力；通过书籍、节目等方式对很多人产生积极的影响……

所以，我知道今天付出的一切努力有什么意义。

更重要的是，我不会急于求成。

因为我知道自己想要成为的样子。所以，当我每天为之努力的时候，充满了愉悦的期待。

美国前第一夫人米歇尔·奥巴马在《成为》一书中，

详细地记录了自己与奥巴马共度的青年时代。从这本书中，我们就能知道奥巴马为什么能成为美国总统。

奥巴马在哈佛大学读书期间，就被选为学校刊物《哈佛法律评论》的主席，成为第一个担任此职务的非洲裔黑人学生。

当选主席之后，他并没有像其他学生一样，利用职务之便为自己申请更高薪水的律师事务所工作，或将自己学费贷款的时限申请延长，而是一边全心全意地做好编辑工作，一边写作关于美国各种族的书，并计划找一份与自己价值观相符的工作。

"他对自己的人生方向如此笃定，这让我感到吃惊。"米歇尔这样写道。

而作为一个对未来有清晰计划的人的女友，她自己也受到了很大的影响，奥巴马要改变世界的信念和使命感，常常使她追问——自己要成为一个什么样的人？两人就是在这样的基础上一起走进婚姻、组建家庭的，并最终携手走进了白宫。

回想自己的成长历程，我从小就是这样一个人，一心想要成为自己想成为的样子，哪怕别人告诉我——那不可能。

在我11岁的时候（小学四年级），一个夏天的午后，母亲在洗衣服，我坐在小板凳上一边看她洗衣服一边跟她聊天。不知为何，我跟母亲说起了自己的梦想，我说我将来要上电视，成为一名电视节目主持人。

母亲听到我这样说，立刻开始摇头。她说："孩子，不要异想天开了，这太难了！咱们家又没人从事这类行业，没人能为你铺路搭桥。"

没错，我出生在东北偏远林区，父母都是普通的林区教师，这个梦想在当时看来确实有点不切实际，但我却一直将它放在心里。

后来高考结束，我遵从母亲的建议，选择了上海财经大学的会计学专业，但儿时的梦想依旧在我心里。毕业后，我放弃了好几家大型金融机构的高薪Offer，入职《第一财经日报》，从实习记者做起。后来，一个偶然的机会，主编发现我有主持方面的天赋，就将我推荐给了上海电视台第一财经频道。

在这一行，我一做就是七年，从出镜记者到主持人、编导、制片人，一直到现在创业，我都在为自己儿时的梦想拼搏。只是现在我从台前退到了幕后，担当出品人和制片人的角色。

一路走来到现在，说没有成就感，那是假的，我没有轻信别人告诉我的"不可能"，哪怕她是全天下最爱我、最让我信赖的母亲。

在目标和信念的召唤下，我坚持把不可能变成了现实——人生便是如此，只要你认定并坚持了，结局终将如我们所愿。

对自我的定位和认知，将会直接影响和改变他人对我们的定位和认知。渐渐地，大家就会像你想成为的那个人一样对待你。

如果想要被人当作"女王"对待，首先你要像"女王"一样对待自己；如果你想让别人相信你的事业可以做得很好，你就要坚定地将自己想象中的蓝图描绘出来——像描绘已经发生了的事情一样——而不仅仅是停留在幻想的阶段。

在这里的前提是，你所描绘的蓝图要有坚实的逻辑支撑，你的自信来自反复的深度思考和论证。

我曾做过一个叫《姐妹变形记》的节目，嘉宾都是一些优秀的女性创业家、投资人。其中的一位女投资人在美国成立了一只专门投资女性的投资基金，她以女性投资人的视角观察到——大多数女性创业者在创业过程中会过于谦逊和保守。

因此，她建议女性创业者在描述未来愿景的时候，应该更加自信一些，甚至自大一点也无妨，不要一味地依据眼前的现实而就事论事。

这位女投资人在这方面就表现得很好，她在成立基金后，在中国和美国各投资了几个女性项目，虽然投资收益目前还难以估测，但至少打出了知名度，并成功地为自己贴上了"来自硅谷，只投女性行业的投资人"的标签。

1号店的创始人于刚先生曾说过："永远不要低估一颗想成为冠军的心。"我当时请他用英文把这句话写下来，装裱起来挂在我们的演播室中，将其中无尽的能量传递给更多的人。

无论今天我们多么平凡，如果心中有成为冠军的信念，在信念、目标以及坚持不懈地浇灌之下，总有一天我们会在所从事的领域有所作为，成为一流的人物。

我们每个人都可以想一想，自己未来想要成为什么样子的人？

可以先给自己设定几个关键词或标签。比如，富有、国际影响力、行业话语权，或者优雅、有智慧、一个贤惠的太太、一个温柔的妈妈。再比如，一个以自己喜欢的方式游历过世界上很多地方的人。

所设定的关键词或标签越具体越好，但不要太多，选择 3 ~ 5 个即可，完成之后再通过调整增多或减少。

是的，**成长究其本质就是一个自我迭代的过程。**

在这里，我说的不仅仅是那些外在的、功利性的东西。你心中的这个"样子"应该是有格局、有结构的。它不仅仅关乎你的职业、身份、地位、财产，还关乎你的价值观、人格的完整性、快乐指数和成长。

它不仅仅是一个平面的计划，更是一个立体的计划。在完成这个立体计划之后，再坚定不移地成为自己想要成为的样子。

成功的反面不是失败，是平庸

打车出门的时候，我常常会和司机聊天。于我而言，这也是一次次小小的采访。

司机侃侃而谈的时候，我会在一旁观察他们，揣测他们的心理、观察他们的工作方式，甚至会问一问他们的薪资。

不知道有多少人会像我一样，对比过互联网专车服务中不同等级的司机的差别。

我发现，有些人是 A 级，有些人是 E 级。在相同的时间和里程下，他们的收入差距会高达 5~10 倍。

典型的低收入级别司机都有以下几个共同特点：

第一，车脏。一般遇到这样的情况，我作为乘客上车后会马上提出意见："你的车这么脏该洗了。"得到的回应几乎都是——"下雨忘了擦"。这属于典型的推卸责任且不接受他人的批评。

第二，情绪焦躁。乘客稍微迟一点就发脾气或取消订单。即使客人上了车，脸上也没有什么表情，更无半句沟通。这属于典型的遇事不顺无法宽容，一味责怪他人，不善于排解自身的不良情绪。

第三，乘客上车后，按照导航路线自己开自己的，爱什么时候到什么时候到，你去哪儿与我无关。这属于典型的对自己所做之事没有认知度，甚至连基本的责任心都没有。

后来，我便开始选择质优价廉、服务周到的专车司机。同样，他们的身上也有一些显而易见的共性：

第一，笑容洋溢。从他们的笑容中就能感受到他们对生活的坦然与对这份职业的认可，而且，大多数时候他们都不卑不亢，上车之后你完全感受不到他们的情绪，只觉得他就是在专心开车，使人有舒适感和安全感。

第二，他们会问你到达目的地的时间，或赶火车、赶飞机的具体时间，一路都会思考最优的路线。往往明明是乘客自己出门晚而导致时间仓促，他们却比乘客更着急，觉得如果耽误了乘客的时间自己有很大的责任，准时送达会使他们充满快乐和成就感。这是典型的善良和有责任心，任何小事都愿意助人一臂之力成就别人，并为此感到快乐和满足。

第三，只说分内的话，其他时间都在专注开车，绝不打扰乘客。对于这样的司机，我每次下车后不仅乐意付更高的车资，还会在告别时满心欢喜地祝他一天好运。

由这些便可见，生活中的每一个角色，都会因个人的理念而出现差别。**人和人之间的差距如此悬殊，本质上不是出身的高低贵贱，而是自我意识之分。**每当遇到被蒙蔽和沉溺于逆境中怨天尤人的人，我都会暗暗祈祷："但愿这只是你人生中暂时的迷茫。"

具有卓越成长性和自我进化的人，哪怕是一个司机，也能成为一个有成就的人。

我们在做《掌门人说》节目时采访过杉杉控股集团董事局主席郑永刚先生，他说自己青年时代曾做过汽车教练。

"我青年时真正的职业是舰队的汽校教练，1977年第二次全军大比武的时候，我是全军的技术能手，两条钢轨一铺，解放牌汽车我就能如履平地一般开着走。"

这个开车技术厉害的青年，后来成了中国第一个走出国门的西装品牌杉杉西服的创始人。再后来，他带领着杉杉集团成功转型，成为全球前三的锂电池材料供应商。

直到今天，他讲话时依然那么质朴实在，面对任何尖锐的问题绝不回避，也不避讳大谈自己的缺点——"我不懂科技，不懂技术，我就懂怎么管人，怎么看准方向。"

成功绝不是天生的，只有当一个人具备了自我进化的心智，再加上一再验证的正确方法，才能一次次地突破自我，最终接近成功。

反过来，平庸也不是天生的，一定是一颗与所有人一样具备灵性的心，在日复一日中习惯了与尘埃共存，把所有的智慧蒙尘都推脱给"老天下雨"，最后习惯于平庸而不自知。

有一次，我与朋友林柏青（1More耳机总经理）聊天，他问我："亭婷，你觉得成功的反面是什么？"我当时并没有直接回答，过了30秒后才回答他——"是平庸"。

对，是平庸，这是创业者之间强烈的共鸣，他欣慰地笑了。

成功的反面不是失败，而是平庸。因为失败是有价值的，经过无数次失败后才能走向成功。如果你不甘心一直平庸，那就问问自己的内心，它真的无法跨越吗？不甘于平庸，就趁早摆脱它。

格局越大，外表越优雅

大部分人理解的优雅应该是柔软、温润的，但大视野、高格局的优雅会让人有一种荡气回肠的感觉。而格局，取决于一个人的眼界和使命感。

我很欣赏的一位音乐家，他在法国旅居多年，通过在90多个国家和地区的3000多场演出，向世界展示了中国传统音乐之美，也让二胡这个古老的乐器焕发出了新的生命力。在西方媒体上，他被尊称为"中国的二胡国王"。

基于他多年来取得的成就，2015年，法国文化部为他颁发了"法国文学与艺术骑士勋章"，他是中国首位获得此殊荣的民族音乐艺术家——果敢。

在一次采访中，果敢说："作为艺术家要有民族使命感，主动向世界传播我们的文化，使其得以传承推广，让其在全世界生根发芽。"

在见熙东方艺术珠宝创始人兼艺术总监阮熙紫女士之前，我就听说过她所创建的珠宝品牌，其定位、使命和愿景深深打动了我——让世界对东方美学表达敬意。

我们碰面的时候，她刚参加完巴黎卢浮宫举办的中国皇室工艺珠宝大展。聊起15年的创业经历，她十分感慨："如果当初知道这么难，我就不做了。"

创业者的基因是不会轻易改变的，归根结底，她找到了让自己坚持下来的理由。

看到北京传承着皇室珠宝工艺的老工匠们举步维艰，她扪心自问："我还能等吗？"

她的回答是——不能等了！随后，她便辞去大公司的高管职位，踏上了这条美学传承之路。经过十多年的努力，她所代表的东方美学向世界发出声音，并赢得了一片喝彩。

她当然是优雅的，艺术、美学、皇家工艺……这些词眼本身就是优雅的表述载体，可是"让世界对东方美学表达敬意"这样的口号，有多少人敢喊出来，或者想到去争取呢？她不仅说了，还身体力行地去做。我对她这样的心怀和气魄充满敬佩。

我们不能仅仅停留在现实层面上去看待和解决问题，还要有一个更高维度的视角。比如，音乐、珠宝可以是生意、商品，也可以是民族美学和文化。品牌传播和推广，不仅应该注重销量，还应该站在世界的维度上，考虑将东方美学和民族文化弘扬出去。

很多人觉得把事情想得这么远大，难度太大了。但事实上，当我们具备了足够的诚意和奉献之心之后，一件更高格局的事往往能撬动和吸引到更高级别的资源，一起形成合力，推动事情的成功。

但在这个过程中，切忌只喊口号，只有脚踏实地、勤勉地把事情做好，才能赢得他人最终的信服。

有格局的优雅——是既柔且刚的、是能屈能伸的，它能使我们美好婉约的姿态，附着在坚固的基石之上。

这种优雅超越了美本身——美是不回头的，一直游走，就像流星；而有了格局的优雅将会是射出的箭，有它必将抵达的靶心。

心中有锚的人，有资格拒绝上岸

假如你在一望无际的大海上，一个人、一艘帆船，你是掌舵者，可以随时变换航向。你驶离码头，离海岸越来越远，彼岸遥不可及。船舱中有足够的食物，而且你的生命是绝对安全的，但是在很长时间里，你都要在孤独中度过……

你能独自在大洋中孤独地度过每个日日夜夜吗？在这样的情况下，你还会有心情欣赏瑰丽壮美的日出日落吗？

终于有一天，你看到了岸，但岸上的景色离你理想中的驻扎地有点儿远。你累了，慵懒地躺下来休息，岸边的人们喝酒聊天的场景吸引着你，可你又不想放弃更完美的登陆地点，此时，你选择上岸还是不上岸？

这个场景，曾屡次在我心中出现。从无到有创建一家公司，像养孩子一样把它养大、带上正轨，在这个过程中，我常常诘问自己："你为什么要创业呢？"

有一次，我在北京参加一群精英人士的聚会，与会的多数人都是清华大学EMBA班的同学。组织者将聚会地点安排在自己的豪宅楼下，席间，他年轻貌美的太太下楼加入，身姿绰约，令人心旷神怡。

这位精英朋友问我："你为什么要创业呢？"

我此前并不认识他，所以我没有接话茬儿，他就去跟其他人聊别的了。后来，我问邀请我去的朋友，那个人的提问到底是什么意思？他告诉我他的意思是，"你这个人看起来如此有能力，修养又这么高，随便到哪儿找一份年薪百万的工作都不难，何必自己创业找罪受？"

另一个基金行业的男士也问我："你为什么要这么累呢？"当时我有点被问懵了，好在长期以来，遇到问题就解决问题的习惯令我早就生成了一套内生动力循环系统，便反问他："难道有什么方法可以不累吗？本来不就应该是这个样子吗？"

他的回答是："嫁人啊！"

简简单单的三个字，让我意识到，他可能是将伴侣在婚姻、家庭中的艰辛付出忽略得一干二净的男性。我不禁倒吸了一口冷气，并没有做任何解释和申辩。

我们不必非得去改变一个人已有的样子，但认为女人嫁人就可以规避辛苦，这样的观念太落后了，我实在无法苟同。

还有一次，我的一位导师在午餐会上认真地问我："亭婷，你为什么要创业？"

我说："我30岁那年，开始对名品店橱窗中琳琅满目的包包感到兴奋，不甘心只做一个消费者，只能从正面去看标价。我想看一看这个商业社会背后的运行逻辑，于是决定创业。"

从那时起，我行走在大街上，看见的每个人都不再是他们穿着什么衣服和长相的美丑，而是他或她在生活中扮演的角色、人力资源价值、薪酬成本、工作态度、才华指标……

选择做一份真正属于自己的事业，使我看世界的角度发生了彻底的变化——世界在我眼前开始变得完整、深邃、与众不同、大放异彩。从此，我再也无法摆脱要拥有自己的事业的这个念头。

我有过几次脱离一些人眼中的"苦海"得以上岸的机会，比如，有大企业开出高薪让我重回职业经理人的位置，但这已经不再是我给自己列出的一个选项了。在广袤无垠的大海中自己掌舵航行过的人，很难再做回一个船员，听别人的指挥。

对于真正的航行者而言，他心中会有一个踏实而沉稳的锚，可以扎得很深，一直扎向海底。这也是他面对无限未知或诸多风险时依然有强烈安全感，在任何变数下保持从容的秘密武器。

这个锚，是一个不必被任何人理解，也无须向任何人证明的信念，它与你希望从多大程度上改变世界无关，而跟你希望成为怎样的自己有关。

心中有锚的人，可以永远地航行下去，他有资格拒绝上岸，因为他知道自己可以随时上岸。

找到意义感的第一步，就是走出小我

主持《掌门人说》这档节目时，我曾经有幸请到了杉杉集团的董事长郑永刚先生。节目中，他讲了一件很有意思的事，在这里和大家分享。

1996 年的时候，郑永刚先生住在宁波，当时他已经是当地的首富。因为持续工作，他患了腰椎间盘突出，有段时间只能卧床休息。生病之后，有不少人去看望他，其中也有当时的竞争对手，对他表示关怀和问候。

当时，他住在宁波的一个普通小区里。房子是拆迁房，已经很旧了，由于年久失修，房门上裂开了一道口子。竞争对手来的时候，正看到一只猫从房门上的裂缝穿过去。

这套住宅大约有 87 平方米——现在很多普通住宅都比它宽敞。竞争对手在楼上看了看，就下来了。事后他表示，怎么也无法相信，一个首富竟然住在这么寒酸狭小的房子里。

但郑永刚先生自己觉得，一套房子，里面能摆张床，不漏雨，能睡觉，就可以了。对于生活条件，他从来没有考虑那么多。

相比之下，郑永刚先生向各类慈善机构捐款时却是大方。根据公开数据显示，杉杉集团创业20年来，向社会各种慈善机构捐款超过两亿元。对在社会公益方面的贡献，郑永刚先生从来不大肆宣传。他表示，企业家注重公益和慈善，是应尽的责任与义务。

巴菲特在捐出自己绝大部分财富时说："把有用的东西握在不需要它的人手里，而不给到能用它的人手里，是最愚蠢的。"

如果每个人都这样想，每个商业机构的决策者都这样想，那么，这个社会的资源配置与利用效率该有多大？

当然，不会所有人都这样想，那么，我们自己首先要把这个问题想清楚，然后再把有共识的人连接在一起。

不去在乎这个资源是谁拥有的，只要能共同创造出新的价值，最终所有人都将会从中受益——这才应该是这个时代最好的思维方式。所以，打开自我封闭之门，把资源给最需要的人，才能真正实现合作互动，你的事业也才会一点点做大，进入一个螺旋式上升的良性循环。

我们能够贡献出来或与人交换的资源包括哪些呢？大家千万不要以为人脉是什么资源，将人脉理解为资源，以为认识些有权力或名望的人就能成事，而不是将大部分时间用来夯实自己根基的人，终将一事无成。

所以，你能做成什么，取决于你自身的价值。

这里跟大家分享一下我对资源的理解。

第一，我们的专业。换句话说，我们需要"沉入"一个行业，跟着经济周期和这个行业的兴衰，摸爬滚打十年以上，充分掌握专业技能，对行业有穿透性的理解，以至于在任何外部环境变化的时候都能对这个行业的走向、行业中的企业与个人面临的局面有大致的判断。

在所有我们能动用的资源中，我认为专业是第一位的，它在任何时候都如同定海神针一样。高度专业的人有资格不慌不忙，遇到任何挫败都能够重整旗鼓、东山再起。

第二，做人的品格。产品有品牌价值，企业有商誉价值，有些上市公司财务报表中对商誉资产的估值高达几十个亿，有的甚至占总资产比例的50%以上！可想而知，商誉的价值到底有多大。

做人的品格，就是个人的商誉价值。那么，我们该怎样积累和提升自己的商誉呢？

在任何时候，我们都不能为获取自身利益去伤害他人。同时，在被动卷入利益矛盾纷争时，在保证自己利益的同时，能客观、公正地看待整体格局——这就是好的品格，会为我们个人带来高价值的商誉。

我们的商誉价值，一定会给我们带来巨大的回报。在受到他人攻击，哪怕是受到了伤害时，也不要动摇这个信念。不必去报复人性的弱点，只要选择永远站在真理这一边。

第三，我们的资产。我们所创造的金钱财富、产品、品牌、科技专利、知识产权……我们所有的物理空间、搭建的平台，等等，这些都是我们的资产，必要的时候可以互相交流和置换。

在如今这个时代，人们在创造财富的过程中，很多情况下已经去掉了以现金为介质的环节，有的甚至会更加直接地用资源置换资源，用价值置换价值。

有没有人想过，你和老板之间到底是什么关系？

大部分人可能会回答，是劳务关系、合同关系。其实，你们之间是合作关系，是资源置换关系。你提供给他需要的劳动，他提供给你金钱，使你继续扩大自己的职业影响力。这其实也是商业的本质——合作以及资源与价值的置换。

跨界融合的思维模式，也体现在我们如何看待合伙人的问题上。固有的思维中，我们一定要找一个得力的合伙人，一起前进。然而，我们能不能把每一个外部合作伙伴，都当作合伙人来对待呢？

不要局限于公司合伙人，用股权绑定对方，而应打破固有思维，将每一个项目中的合作者都当作事业合伙人去信任、支持、善待、感恩。

　　这个世界上并不缺少好的合作者，缺的是开放的思维，用融合的心态去拥抱未来，一定会有好事发生。

独立的思辨力：
深思熟虑的魅力，好过不假思索的张扬

慢下来，也是一种快

两年前，我和几位企业家一行去日本，参访百年企业，学习他们企业长寿的秘诀。

日本是世界上百年以上长寿企业最多的国家，有两万五千多家，这与社会的习俗文化、做事精益求精的精神、家族世袭制的传统都有关。

此行，我们收获颇丰，回来后，我导演出品了一部纪录片《百年密码》，在爱奇艺、腾讯等很多媒体上发行播出，收效甚好。很多人因此记住了我的公司——骑翼文化。

《百年密码》中给我印象最深的企业，就是松下政经塾。

"自修自得，只要用心观察，万物皆成吾师。"我们访问松下政经塾时，其现任塾长河内山哲朗先生讲的这句话，令我至今难忘。

松下政经塾成立于1979年，是松下幸之助先生在85

岁时创办的，每年只招收不到20名青年才俊，旨在培养那些年轻而有潜力的人，向社会输出真正能担负国家重任的人才。据不完全统计，从这里走出来的日本国会议员就有70多位。

这个地方很古朴，院子里有参天的古木，有学员可以随时进去打坐的禅修室。初次来这里，会强烈感受到此处跟我们印象中的那些商学院形成鲜明的反差——这哪里是政经学院，分明就是个行僧清修归隐的地方。

连在食堂吃饭也跟寺庙中一样，每餐取用的要不多不少刚刚好，务必吃完，不准浪费，同时要将自己的碗筷洗净放回原处。

塾长告诉我们，每一届被选中的学员，一定要在这里全天候住校学习三年。不管是成家的还是单身的，在入塾苦学之前，要与之前的一切过往和生活方式彻底"了断"。

松下政经塾的修学者，每天清晨五六点起来打扫院子。日复一日地扫上三年，秋天扫地上的黄叶，冬天扫地上的雪……想想那是怎样的心境与意境？所谓自修自得，在日复一日的扫地中，人能习得什么呢？

每每思索这个问题，我就会闭起双目，眼前仿佛幻化出深山绿林中的一方院落，四周有潺潺歌唱的小溪流过，鸟儿们在枝头无忧无虑地啼叫。从上空俯视，院中一名清瘦的人在平静地挥动着扫把，颗颗尘埃在光下雀跃升腾，而后又复归地面……

清扫者日复一日地眼见着各类形状的灰尘、杂物、纷扰、糟粕、烦恼，但只是看见，然后轻轻扫除而已，凡事都消除和化解掉，从没往心里去，只是一再执行一个唯一正确的行动罢了。

这个画面和场景一直吸引着我。甚至，有时候我会想：不妨将余生都用来到山中去打扫院子吧！

早上扫好了，在干净的院落中坐上一天，饿了食一碗粥，渴了喝几盏清溪中的水，日暮晨昏，困了睡去。友客山外来访，院中相对而坐，不用说话，该走的时候，那人便带着一抔难以忘怀的沉默归家去了。

我们能在静默的观察中，向万物学习到什么呢？这是个有趣且值得追索一生的课题。自然界屏蔽世俗干扰，它们是最遵循宇宙原初定律的生灵。

比如，一棵树，生在该生的地方，不逃避、不抗争、不迁移，只是接受阳光、雨露和风雨，看似逆来顺受，实为逆来顺受则顺。

风暴来了将它连根拔起，它就安静地躺在出生的地方，充满尊严而毫无怀恋；如果下一日和风细雨，泥土湿润了根须后令其复生，那么，就不露声色地重新往地下扎根，将生命延续。

它的死亡或重生不需要任何人来喝彩，这是真正的听凭命运却又独立卓群。

数月前，我到杭州萧山探望一位艺术家，他的工作室就在湘湖湖畔，畅快交流后的次日清晨，我沿着湘湖漫步。

正好是春夏之交，花儿都开了，我被一棵开花的树吸引，在树前停留了十几分钟，细心打量每一朵花的样子，试图领会它们各自的美好和内在的表达——花朵想告诉我什么？通过这样的观察，我能向这棵开花的树学习到什么呢？

这世上任何一个盛装打扮的人，都比不上这一朵花隆重、精致。它自带香气，线条安静而灵动；它不招蜂引蝶，蜂蝶却盘旋其上。

大口呼吸着湖边浸透心脾的芳香空气，我轻轻地坐在湖边的石头上，写下上面这段心得。向花草树木学习端庄、洒脱、高贵、冷静……

静下来，深入体察周围的一切，你会发现——"万物静观皆自得"。

像聪明人一样思考

我们做事情和解决问题时，最常用到的一种方法，就是直接向该领域中最优秀的人求教，吃透对方的底层逻辑和经验，再将这些经验根深蒂固地植入自己的底层思维模式中，进而指导自己的一切行为和决策。

比如，我用了五个月的时间，把《原则》一书作者瑞·达利欧的思维方式移植到了自己脑中。我每天会花一个小时的时间来精读《原则》这本书，每记住一条"原则"后，在接下来两周的生活和工作中通过实践强化自我训练。

可以说，我通过这样的方法把达利欧一生的思想和行为原则的精髓植入了自己的大脑——也就是修正和重建了自己的思维和决策的底层逻辑。

在刚刚走上创业之路的前两年，我自认为初出茅庐经验不足，所以花了很多时间到处求教。怎么搭建公司架构、怎么设计商业模式、怎么招人、怎么融资……市面上喜欢"传授"这类创业方法的人很多，也有各种各样的创业培训机构和"传道授业解惑"的创业导师，但似乎能用上的理论并不多。

后来，在《原则》一书中，我读到这样一条基础原则："你不必向所有人求教。""向正确的人提问，比提问本身重要得多。"我恍然大悟——提问的对象选错了，会让你离正确答案更远。

这个世界上的大多数人都乐于跟你分享他们的观点，但如果他们本身没有什么资格指导你，只会让真相更加扑朔迷离。我们应该向什么人去求教、提问呢？这就是瑞·达利欧所说的"值得信任的人"——在一个领域里取得成功，并且能清楚地总结出自己成功的原因和方法的人。

这条原则就像计算机的基层程序一样，从此被我写进大脑。所以，在一群人当中，我在大家眼里常常是最沉默的，既不轻易开口分享自己的观点，也不会随便向谁提问题或征询建议。

这是因为我开口前会仔细判断两个事：第一，我有没有资格向别人分享值得信赖的观点，没有资格，那就别说；第二，面前的人有没有资格回答我的问题，让我得到正确的答案或事情的真相，没有资格，那就别问。

总之，我的话越来越少，倒也不令人讨厌，因为我总是在静静地倾听、判断、思考。

还有一个人的思维方式，是我非常想要移植到自己大脑中的——这个人就是查理·芒格。

作为巴菲特的合伙人，查理·芒格身上环绕着智慧和财富的光芒——不仅仅是因为他和巴菲特一起成了全世界最有名的富豪，更因为他对人性的深切洞察和关于生活、投资方法的智慧分享。

"一个聪明的人如果想骗你，就一定能骗到你。所以，一定要保证与诚实的人为伍。""说服人不要诉诸理性，而要诉诸利益。"包括这两条在内的很多芒格的基本方法，都被我在现实中应用。

比如，与人进行商业谈判时，如果对方跟我对问题的理性认知不在同一个层面上，那么，我就清晰地列明，这样做你将得到什么收益或损失。因此，分歧往往很容易便得到解决。

他们二人的大脑，是我最想直接拿过来安装在自己脑中的。这听起来很夸张，怎么可能？其实完全是可能的——深刻地了解、理解和学习他们看待世界的角度和方法，对信息的收集和分析方法、决策方法，以及面对人生的态度和获得快乐的方法，你就能在很大程度上接近他们的行为模式。

芒格的著作《穷查理宝典》和达利欧的《原则》这两本书，我各有两本，一本放在家中，一本放在办公室，都是我随时会翻看和思考的书。其中一本做了大量详细的笔记，记录着我读到要点时的心得体会。另一本尽量保持空白，以便随时记录新的体会。

人只有在学习到方法后，才能有本质上的提升和自我超越。永远不要以为你与领导之间的差距有多么大，你们唯一的差别是思维方法上的差异。

只要你愿意深刻思考且不拒绝改变，其实调整思维方法并没有你想象的那么难！真的，建议你试一试，很可能过一段时间之后，你会惊奇地发现，"哎呀！我什么时候给自己换了个大脑！"

少有人走的路最顺畅

人们想也不想，就把自己归到普通人的行列中，常常为此而做出错误的选择。

比如，我走进一间公共场所的洗手间，发现前面有五六位女士在排队。我仔细观察后，走到里面，轻轻推开一扇门——这时候所有人惊讶地发现，原来里面至少有两间根本没有人——后来的人看到前面的人在排队，就想也不想、看也不看地跟着大家一起排队。

当然，从众心理可以解释这一现象，但其实这种现象背后至少还潜藏着大多数人的三项缺点。

第一，拒绝观察。只要你静下来，仔细观察细节，就会发现到处都是线索。一扇门到底是锁着的还是开着的，里面到底有没有人，太容易分辨了，可是大部分人连这点时间都不愿意耗费。

对当下你正在经过的场景多留意一些，机敏一点，能省去很多麻烦，在关键时刻说不定还能保证你的安全。

第二，拒绝独立思考和判断。很多人以为只有考试、开会、撰写合同或商务谈判前需要思考。其实，任何时候人都需要思考，每时每刻都在决策。

这种凭直觉迅速决策的思考模式是一种习惯，可以像任何习惯一样，用三个月左右的时间培养形成。比如，每天早上花些时间搭配今天的穿着和配饰，三个月后，你就能穿出优美的风格。

我经常会在选择排在哪一支队伍的时候训练自己的这种能力。我会快速选定一支队伍排进去，然后让结果做出评测，看自己选的是不是最优的路径。

做人群中那个有着敏锐判断力的人，还是随大流？我相信，你既然拿起了本书，在这个问题上我们就已经达成了共识。

第三，害怕承担风险。人们普遍害怕独自承担犯错的代价或责任，但如果是一大群人一起犯错，每个人就都不会那么自责。法国社会心理学家古斯塔夫·勒庞的著作

《乌合之众》中对群体心理特征做了详细阐述——"反正大家都是那么做的，即使错了也不是我一个人的问题。"

在大型的组织中，这样的心态极其普遍。我原来在大公司工作时也有过这样的心态。创业时，我将这种心态彻底从身上根除。因为所有重大决策都只能由我一个人来做，而一旦判断失误，所有的风险也只有我一个人能承担。

你是否愿意尝试成为一个领航者，一个人面对茫茫无际的大海？靠自己的果敢和智慧去做出选择、承担风险，同时也享受过程与结果带来的收益？我建议你试一试，因为只有迈出这一步，你才有可能拥有对自由的完美体验。

我一直相信真理的存在，这既是一种信念，也是我追求个人成功的方法论。很多人说人世间没有对错，再稍微严谨一点，你可能就会说"没有绝对的对错"。

在我看来，对错是有的，只是有些人缺乏做出正确选择的自控力和判断力，这时，这句话就成了他们放弃原则、自我妥协时最"强大"的借口。

　　你是否有勇气成为人群中另辟蹊径的人？认真考虑一下这个问题，然后大胆去试！它很可能会改变你的一生，让你走得更快、更远。

　　大胆选择你认为正确的东西，是走向卓越的第一步。

警惕低水平勤奋陷阱

什么是低水平勤奋？就是我们看起来很努力——努力读书，努力加班，努力与人探讨商业模式……可是如果有人问："你从这份努力中取得了什么突破？"可能想了半天你都没有答案。

比如，书是我最重要的财产，每次搬家，我都有十来箱的书要搬。有几年，我频繁搬家，这些书成了让我又爱又恨的东西。

有一次，搬家前，我终于想通了。我把每一本书拿在手里，问自己"这本书教会你什么制胜秘诀了吗？""它里面写的道理你彻底吃透了吗？""它以后还值得你一翻再翻吗？"第一个回答是"没有"的，处理掉；第二个回答"是"的，处理掉；第三个回答"是"的书，我才会留下。

用这个方法，我淘汰了大部分只是在罗列知识的、说理复杂却空洞无物的书。遗憾的是，我曾经花时间买它们、读它们，还以为自己多么勤奋，到今天才发现自己陷入了低水平勤奋的陷阱。

有一位观众曾问我："你都是怎么选书的？"这真是个好问题。我不断买书，有的翻一翻就扔了，有的一直放在书桌上，经常琢磨。我把书分为两种：一种可以终身相伴，用来帮助我彻底理解宇宙、社会、人性……这些书我会精读。

我用五个月时间来读《原则》，边读边在生活和工作中实践运用书中的道理。作者瑞·达利欧帮我构建了一套做人做事的原则，让我十分受用。它还促使我成为一个明确知道该怎么做决定并严格自律的人。

而《穷查理宝典》这本书，堪比我的终身伴侣，我几乎每周都要拿出来翻一翻，其中推荐的很多书我都会买来读。

我还爱读史蒂芬·平克的《语言本能》。平克的研究横跨语言学、生物学和认知神经学，这类作品能帮我们对人类社会的建立有个通透的认知，更重要的是，能帮助我们彻底认清自己。

另一类书我读得会很快，例如，时下畅销的书，各个行业的顶尖高手分享的信息与经验，我借助它们来了解时代环境，判断现在做什么是顺势而为。这样的书我不会花太多时间去读，也不会盲目相信作者的判断，只是用来汲取信息，帮助自己完成独立分析和判断。

知识只有在能够帮助我们决策时才有意义，不要让自己成为庞杂知识的复读机。在新旧知识之间建立起联系，构建自己的知识与信息体系，最终为决策服务，这就是阅读和学习方法的升级。

其实，无论某个人在自己的领域里多么成功，都无法给我们指出一条现成的路。只要用心总结就会发现，最终，最熟悉和最值得信赖的人还是我们自己。

所以，征询建议时要选对人，选择少数精准的人，然后进行深度沟通——这个人一定要在自己的领域中反复成功过，并且能清晰地总结出自己成功的原因。

我们应该把请教得来的方法纳入自己的方法体系，然后再加以变通，为我所用。这样，我们的方法体系就会不断地迭代。

　　茫茫人海，我们没有时间去读所有的书、阅尽所有的人。所以，一定要善于提炼自己的方法，根据目标绘制一张属于自己的地图，按图索骥地勤奋学习，避免在低水平勤奋的陷阱中徘徊。如此，才能用最短的时间抵达目的地。

依赖是迷失的开始

　　善于提问、敢于提问是很重要的，但我们在开口发问之前，千万不要想着依赖别人的判断。我们首先应该问自己：向谁去问这个问题？我们要弄清楚，谁最有资格回答这个问题，谁能最快帮助我们找到正确的答案。

　　这个世界上最不缺的就是观点，打开微博，到处都有人各抒己见。当我们事业受阻、生活受困或创业走不通时，遇到具体难题要问谁呢？——向值得信任的人发问。

　　在瑞·达利欧的《原则》一书中，"值得信任的人"就是在某一领域反复成功过，并且能清晰列明成功的原因的人。也就是说，他能够总结的成功方法论，是有借鉴意义和可复制性的。能够被我们直接应用，帮助我们成功。

　　如今，我们获得信息和方法论的途径有很多，市面上有各种各样的培训班、创业学院，知识付费经济的兴起，使我们很容易在各类媒体上搜索到与自己有关的专家课程。同时，各种畅销书籍都在以能帮助我们最快找到成功捷径为卖点。

铺天盖地的信息和知识，特别容易让我们将自己武装成好学青年，但是，千万不要成为被动灌输的对象。还是要经常提防，让自己的大脑成为别人思想的跑马场。想要找到解决问题最快的路径，首先要拎清自己问题的大纲，然后按图索骥，一条条去寻找自己的答案。

我们遇到问题时，首先锁定这个领域内你能接触到的最有成就的人，一到两位可能就够了，然后坦诚相约，进行深度的沟通，而不是碎片式的沟通。一次把问题提透、谈透，然后对几位核心的、值得信任的人的解答进行整合与分析，最终通过自己的深度、独立思考，找到属于自己的答案。

哪怕指点我们的人再资深、再有成就，自己的独立思考、分析、决策能力仍然是最重要的。因为自身的处境，只有自己最了解，即便进行长达几个小时的深度沟通，也很难将左右的信息全面准确地交待清楚。

我们在提问时，只能摘选问题与情景的梗概，获得处理问题的基本原则与方法论。而对所有细节信息的整合，还是要自己做，况且事态会一直发生变化，我们需要随时做出调整。偶尔，我们在做判断时还需要动用一些直觉。

有时候直接问对的人，有时候通过深度的独立思考，有时候让自己的脑海放空、心境澄明，等待一些直觉的降临。

CHAPTER 03

独立的人格：
你可以不必做一只冬天的刺猬

想取悦自己，先要放下自己

"消解"是个很有趣的词，明明是个动词，然而，"消解"本身却是一个寂静无声的过程。就好比老子说的"虚极静笃"，在这种静静的自我消解状态中，反而能够产生驾驭和控制一切的内生力量。

有一个电影片段能帮助你领会消解自我的妙义。在电影《超体》（Lucy）的结尾，Lucy 的躯体在收集、整合了全人类进化的记忆和智慧后，变成了一个巨大的计算机，随即又浓缩成一块小小的 U 盘。警察在一团寂静的空气中问："Where are you?"（你在哪儿？）

随后，他的手机收到了一条短讯，写着"I'm everywhere."（我在任何地方。）这个最高智慧的人类彻底消失了，可她的智慧能够到达任何地方，穿越任何时空，这是对消解自我最高级的描述。

　　我经常到上海东湖路的一家牛排馆吃冷火碳烤三文鱼色拉，那是我吃过最美味的三文鱼肉。久而久之，我和这家餐厅的创始人、主厨林震谷成了朋友，经常聊些关于烹饪的话题。

　　他告诉我，一个最高级别主厨的成长分为三个阶段：

　　二十几岁时，初出茅庐跟师学艺，师父让做什么就做什么，没有自己的理念和风格；

　　三十几岁时，羽翼渐丰、信心十足，以为自己什么都能做得最好了，经常拿各类食材、佐料做各种创意；

　　四十岁时，人已经成熟了，经过二十多年来对食材、火候的深入理解，终于悟出一个道理——一切美味都基于食材，万不能以佐料、摆盘等花样掩盖了食材本身的光彩。如果食材不够好，再怎么翻新花样，都无法做出一道让人衷心赞美的好菜。

　　他自己经历了这样几个过程，现在做菜的理念已经达到返璞归真的阶段。所有菜品务必选用来自世界各地的最佳食材，以还原和烘托食材自身味道为最高宗旨，于是俘获了我这样隔三岔五就要过来大啖一番的忠实拥趸。

　　这种转变我在职业生涯中也深有体会。我原来在做主持人的时候，总是很努力、很刻意地把自己最好的一面展现出来。

　　那个时候，我还是一个经验不足的年轻人。当时的我只顾及自己的状态，一心想着怎么和屏幕后的观众交流，而忘记了自己真正应该去关心的其实是被采访者——被采访者的回答到底是什么，他到底重视什么，他此刻的感受是什么，怎样才能够使他最舒适惬意，并充满信任地向我娓娓道来。

　　"太自我"这个问题在很多人身上存在着，我们很难意识到自己存在这个问题，我也一样。在我意识到这个问题并决定修正后，我会在上节目前做好一切准备，一旦开始录影，就彻底忘记自己，将全部注意力集中在我的谈话对象、话题走向、谈话气氛引导上。

　　这时候，你不会再忙着修饰自己的语言，关注自己的哪一边脸对着镜头最好看。你的一切反应都是听到一个回应后自然而然地回应，一切专业能力在这种高度专注的状态中很容易被激发，同时也能激发谈话对象的表达欲。

作为一名主持人，我终于把谈话中的最佳状态呈现了出来。

再后来，我退到幕后做导演。这时，我把全部的注意力都放在环境、灯光、舞台背景、嘉宾和主持人表现、各机位摄像画面上，更没时间顾及自我。我需要调动全部的感官和思维去监控全场的每一处细节，并适时下达指令、做出调整，最终才能呈现出一部好作品。

我没有想到，这样彻底忘我的导演角色给我带来的成就感，远远超越了做一名主持人。导演就像一个乐队的指挥，在浑然忘我中和整个团队一起创造出伟大的作品，每个人都不可或缺，而你是其中的主导者。

每个人都是自己生活的导演。我们在每天的日常中都可以寻找这种忘我的状态，我们可以去观察这种改变会给自己带来什么。

比如，在与人谈话中，试着减少自己的主观表达，真正去关心、感知你身边的那个人，试着保持三分钟不打断对方，不要在脑海中急着代入自己的联想、记忆、分析和评判。只是去倾听和感受，看看你们之间到底会发生什么？

我相信，你身边的人会感受到爱以及真正的陪伴，会对你产生更大的信任，会更随心所欲地开始表达真实的自我。而你可以在有限的时间内，真正了解对你感兴趣的人。

"只有你真正了解一个人，才会知道你能从他身上得到什么。"这是瑞·达利欧的一句话，千万不要把它理解为功利的利己主义，我把它作为一种创造实际价值的方法论来实践。

自我可以很大，也可以很小。支撑我们在艰难中走下去的，是那个很大的自我；而使我们在人群中获得细微之爱的，则是那个很小的自我。

别着急，时间会告诉你

　　地铁上发生过这样一幕，引起了大家的讨论。

　　一个年轻力壮的男子坐在位子上，这时上来一位孕妇站在他正对面，挺着大肚子的孕妇站得十分吃力，男子却视而不见，没有让座。乘客们觉得这人怎么这么没素养，于是劈头盖脸地一顿责备。

　　殊不知，这个男子当时正六神无主——家里有人刚被送去重症监护室，他在赶往医院的路上。笼罩在失去亲人的恐惧中，他彼时根本来不及顾及别人。

　　每一个人当下所呈现的样子都是有原因的，局外人很难一下子就了解，我们也就无法立刻做出正确的评判。所以，对任何事情都不要轻易去评判，更不要急着给一个人下论断、贴标签。

　　在《掌门人说》这个节目中，也曾经发生过一场争论。亚商集团的董事长陈琦伟先生认为，中国先进的企业家群体，是改革开放40年中社会经济发展和群体智慧的精华，他们也是推动社会发展的中坚力量。

嘉宾许志明先生则认为，不要过高评价企业家群体的智慧。他强调："千万别觉得企业家更有智慧。其实每个人都有智慧，只是看他把智慧用到了什么地方。"

拿服务业的从业人员来说，一部分从业者素养很高，不论什么时候都能给人很好的服务体验。但我们偶尔也会遇到因为个人原因闹情绪，将自己的坏情绪传染给其他人的服务员。

以前，我遇到这样的服务员，会直言不讳地批评，并指出他们的问题。但自从做完首旅如家集团总经理孙坚先生的一期访谈之后，我会更多地去换位思考。

孙坚先生说："15年了，（以前）采访过我的人都说我一直没有变。不管我到哪里吃饭，我都会跟服务员开玩笑，让他放松。为什么？因为我知道他们太辛苦了。不是因为你花了钱，他们就应该为你服务。你应该让他们放松，他们放松了才会给你最好的服务。"

人和人之间的关系，就是在这种良性的互动中，变得越来越好的。孙坚先生说，他有个习惯，就是在自家酒店里吃完饭，然后在大堂的沙发上坐一会儿。有一次，他坐在沙发上，门童走了过来，默默地站在那里。

原来，这个小伙子刚上班没多久，他以为孙坚先生是顾客。但小伙子还太年轻，不知道该对顾客说些什么，也不知道怎样才能服务得更好，所以就只能做到这一步。

孙坚先生和他聊了几句，原来小伙子老家是青海的，他过来是想看看这位坐在沙发上的"顾客"有没有什么需要。看到小伙子虽然不善言辞，但态度非常好，孙坚先生就想培养他。于是，一连几天，他每次见到这个小伙子，都让他坐到自己的身边，告诉他更多接待顾客的窍门。

两个月之后，这个小伙子开始接到顾客的表扬信，慢慢地成了这家门店里服务最好的人。

对事，我们要有自己的判断。因为这件事在逻辑上对不对，道理上通不通，做的方法够不够准确，决定着我们做这件事能否成功。所以，对一个人做事的方法应有所评判，但不要轻易去对一个人的性格、人品、道德下判断。

当我们初次见到一个人的时候，心底可能会发出这样的声音，"这个人怎么这么……"不管这句话句尾的形容词是什么，也不管这句话你有没有说出口。这时候，要小心，我们是不是对人产生了偏见。

这时候，你对一个人的判断可能不够准确，因为我们对这个人的了解不够多，时间也不够长。你说他武断？很可能是你无法设身处地从他的角度看问题。你说他暴躁？很可能那句话是他童年时期的阴影和软肋。你说他绝情？很可能是你的所作所为伤害了他，他只是没说而已。

每一个外现的行为，其背后都有一个成因。我们不必和意见不同的人计较，只需要看他的所作所为，是不是真的造成了恶劣的影响。

做到这一点并不容易，我也是用了很长时间才克服的。有一天，我忽然意识到，我们在意识和潜意识层面对人的评判，阻碍了很多精彩的故事发生。

无论是轻视、怀疑，还是同情、怜悯，这些带有成见的情绪一旦产生，哪怕我们什么也没说，或自认为掩藏住了，其实对方都能感受得到——人的直觉是十分灵敏的。

我在意识到这一点之后，便有意识地让自己不要对他人带有成见。哪怕是一个浅浅的念头都不要有，做到这一点大有好处。

首先，它能让我们非常聚焦和专注。如果你正和这个人展开一项合作，需要把注意力集中在你们谈论的事和要解决的问题上。这样，你所有的心智和能量都能用来解决问题，因而就可以心无旁骛。

如果我们做到了这一点，也会带动身边的人。所有人目标一致、心无杂念的时候，便会产生势如破竹之力，更容易走向成功。

其次，你会给他人带来愉悦。和你在一起，别人不需要担忧"他怎么看我""这个举动合不合适，他会不会对我有成见？"这时候，大家会在你面前呈现出真实的自我，人在放松、真实的状态下，最容易毫无顾忌地将自己和盘托出，此时是最容易互动合作的。

长此以往下去，我们就会找到一种感觉——你面前的人不论是新人还是旧友，你每次见他都清空过往的一切痕迹，消除评判所带来的局限与隔阂。

于是，你们相遇的时候，每每都如焕新生。基于当下的时点、环境，全神贯注地交流和倾听，全身心地投入到当下，一定会更容易取得成功。

说话要留一点想象的空间

并非所有的谈话都要说满，就像一些美好的物件不必物尽其用。

设想，一个温暖的午后，在一间咖啡馆里，手中握着一杯飘香的咖啡；或者在一个冬天的雪夜，煮一壶热红酒，两个人面对面聊天……怎样才会聊出最真挚的心声和舒畅的氛围？

滔滔不绝地谈话，我不欣赏。好的交流，一定是像爵士乐一样有节奏的，时而悠长，时而欢快。他说的时候你听，他跳的时候你唱，而这中间，还有空白时间——什么也不说，甚至连注视也不必，只是静静看着街景或细品着咖啡的香气，品味此刻心底的感觉。

对我来说，一场好的交谈需要满足几个条件：

第一，思想养分的汲取和流动是双向的，绝不是一个人烦恼来找另一个人倾诉，或一个人困惑来找另一方寻求答案。

这种不对等的交流在智慧分享上不公平，也对只是给予思想和智慧的一方不公平。同时，对于一个智慧等级差距悬殊的组合，弱的一方可能并不真正理解另一方在说什么。

第二，场景和人物都令人赏心悦目才好，体态举止优雅可人，声音亲和有一定的磁场。

第三，最好能相互激发出更好的创意，或更深入的思考。这样的交谈，才是一场好的交谈。

在一段时间里，有好几位朋友几乎同时给了我一模一样的反馈。他们都说，跟我在一起谈话的时候，觉得我特别安静，他们自身也会受到感染和影响，心神宁静下来，语气变得更加和缓，思路更清晰，愿意跟我一起进入更深层次的思考，寻求更真实的答案。

也有朋友会直接问我："很少有人能影响你，一般在谈话中都是你做主导，由你去影响别人，你是怎么做到这一点的？"

朋友们的集中反馈引起了我的注意。我想梳理一下，自己这种安静的能量是怎么形成的。

我相信，这与我既做过主持人又当过导演的工作经历有很大关系，这两种经历让我受益无穷。在镜头前做主持人，需要高度关注自己的仪表体态，对交流对象的反应和回答高度聚焦。这时，需要你具备准确提问的能力，更需要有用心倾听的能力。

除此之外，我还要尽可能地让声音表现得放松，有亲和力——这样的声音能让交流的对象自然地放松，并消除他们在镜头前的紧张感。

你需要给人安全、可靠、值得信任的印象，而这种印象的来源，就是你真的成为一个安全、可靠、值得信任的人。

在做了几年记者和主持人之后，我转而做幕后导演、制作人，这个转型特别有趣，它使我的思维方式和关注点发生了彻底的变化。这种变化就好比原先我是舞台上的领舞者，后来我成了剧院。

具体来说，做主持人只要做好自己就够了，而做总导演需要时刻关注全局。每一个机位镜头中的画面、整个场景的光线、桌椅沙发装饰物的摆设和布局、环境声、背景音，节目中人物嘉宾的容颜、体态、音质，说话的节奏、反应的快慢、着装的颜色款式与整体环境是否搭配……这一切都必须在你的掌控之中。

同时，你还要根据随时可能出现的场景环境的变化，及时做出调整。比如，拍外景时天下雨了，转场去哪里？比如，自然光的条件突然变暗了，是否要重新布光？

好莱坞著名电影导演斯皮尔伯格的传记《讲故事的人》一书中，有这样一句话："每次一进到片场，我就像上了一架无人驾驶的飞机。"可见做导演在控制与失控两种状态之间不断跳跃的那种刺激，而要达成平衡又有多难。

我做节目或纪录片时，没有多少恢宏、庞杂的场面，但其中的核心道理是一样的——你要消解自我，要指挥和控制所有的人物、机器、零件和细节。

这些工作的不断反复操练，使我在很长一段时间内，在任何地方脑子里都好似装了四个机位——也就是四架摄像机的镜头。以至于我在一个地方落座之后，脑子里情不自禁就会反射出不同角度上如果安置了一架摄像机，镜头里面的画面是什么，构图和角度如何，美不美观等。

在编辑软件视图上，影视频文件的视频轨道和音频轨道是分开的，一般有三道声音轨道，所以，我会非常敏感地分辨环境中不同的音轨：人物 A 的声音、人物 B 的声音，背景环境声……

比如，在一个餐厅中，不同聊天者的声音和环境中的音乐，厨房中切菜、碟子杯子和碗碰撞的声音，都会被我很具象地平铺在不同的声音轨道上。

一场愉悦的谈话，能给人留下凝神静气而又思想聚焦的印象，绝不是偶然，这中间有无数的细节，如果我们做到了，就会达到最佳的交流效果。

当然，大家所从事的职业不同，对交流的理解也必然不尽相同。我根据自己的体验，总结出几点每个人都能自我培养的方法，相信会对你有所帮助：

一旦你进入了谈话场景，就会彻底忘记自己的样子。你唯一要关注的是身体的各个部位是否放松，然后将呼吸调整到最自然、舒适的频率。

在你最舒适的状态下，去关心你的伙伴——他今天的状态。他今天开心吗？是不是感到疲惫了？路上堵车是否令他仍然烦躁不安？他是期待与你进入这场谈话，还是想草草了事赶紧回家休息？

在谈话开始之前，你可以先仔细观察和感受对方，多给他表达与表现的机会。你与伙伴今天的交谈，至少要达到一个目的，否则就毫无意义，那就是你要真正地了解和理解你所面对的人。无论你们未来可以一起做什么，都必须基于这个才有可能成功，哪怕只是互相陪伴。

所以，不要急于在短暂的交谈中表达自己的观点，或对任何事下结论。哪怕你只是安静倾听、适时回应，也一定是得大于失。

一定不要只关注自身和自己正在表达的话题，要同时留意对方的反应——整个谈话场的氛围，两人之间互动的默契程度等。比如，你和对方在交谈的时候，你们在不停地打断彼此，你们的声音交叠在一起，谁都没有机会表达一句完整的意思，那无疑会是一场失败的对话。

你可以尝试在交谈中保持静默三分钟，或保持一个舒适的姿势，静止不动三分钟，这会非常有效果。渐渐地，你会成为让对方觉得你是个内心安宁的交谈对象，因此愿意向你敞开心扉。

在任何场景中，我们首先是演员，其次是导演，再次是观众。所以，同时具备导演视角和观众视角很重要，看看在这两个位置上，是不是对自己的这个角色满意。

不要只顾自己在那里倾力表演，可能观众虽然身体没动，但心已离场，而你还浑然不觉……在一场谈话中，当你开启导演视角和观众视角时，作为演员的你可以歇一会儿。虽然你保持缄默，但你整体的角色是丰盈、饱满、富有吸引力的，我把它统称为一场谈话中的"留白之美"。

不必向谁证明你很努力

打开朋友圈，你会发现很多人一刻都闲不下来，东奔西走、马不停蹄，一定要让全世界知道他在全力以赴。

我也经历过一段这样的时期，需要不断被看见、被证明、被表彰"你很努力"。

后来，我逐渐意识到：所有没有结果的过程都不值一提。

过程必然是有意义的，值得珍惜，因为只有积累所有点滴的过程，才能堆砌出结果。**我们努力的过程既不值得炫耀，也不必向谁证明，当结果出现的时候，一切将不言自明。**

所以，我渐渐从一个希望人们知道我每天都在努力做些什么的人，变成了一个沉默寡言、低头默默做事的人。在实际工作中，这对你真正专注、有效率的做事，最终达成满意的结果非常有好处。

《最重要的事只有一件》是一本很有趣的书，作者加里·凯勒和杰伊·帕帕森为了说明人的意志力是有额度的，列出了"会消耗你的意志力"的12件事，包括培养新习惯、屏蔽干扰、抵制诱惑、压抑情感等。

在这12件事中，"尝试引起他人的注意"赫然在列。这是曾经的我没想到的。

在读了这本书后，我深受触动。我们往往以为试图引起他人的注意力、鼓励和赞赏，就会导致正向激励，让自己工作时更有干劲，却忽略了这竟然会消耗意志力这一事实。

仔细想想，的确是这样——你发一条朋友圈，向大家公开此刻你正在做的事，势必会关心有多少人点赞，其中赞许的人多，还是否认的人多，大家都是怎么看的……

这必然会降低你的专注力和意志力。

其实，我们不必让人知道我们做了些什么。最后的成果，它将一直在那儿。我给自己定的标准是：当我从世间消失后，这个有益的成果还在不在？会不会继续对世界产生积极的影响力？所以，我一生梦寐以求的是能留下一些作品，这也是作为个体的我极其重要的组成部分。

彻底放下自己在他人眼中的样子，放下别人对你是否努力的评判，你会在每天的生活和工作中全力以赴，感受到令人愉悦的"心流"的存在。在这样纯粹而持久的力量之下，我们会成为最好的自己，为他人做出更多的贡献。

给别人三个支持我们的理由

　　我经常和朋友分享，说我做事很慢，讲话也越来越少。那大部分时间我用来干什么呢？思考、推演，琢磨这件事我应该去找谁合作、寻求支持，并事先想好三个理由。

　　别人为什么要决定跟我合作？在存在风险的前提下为什么决定支持和帮助我？

　　我们一定要预先想好理由：他能从中获得什么？并帮他控制好风险，让他获得最大的收益。同时证明自己是值得对方信任的人。这样，才有可能在短时间内促使对方做决定。

　　首先，每个人都需要最先确保自己的利益。这是肯定的，也是必须的。你若不能允许别人在做决定时首先考虑自己的利益，那你就是个不明事理的人。

查理·芒格将这称作"自我伺服机制"。所以，不要认为别人会将你的利益置于自我利益之上，哪怕是亲戚、朋友、伴侣！提前替对方问问自己："我很想帮你，但我能得到什么？"然后问问自己他最需要的是什么。

有一次，我的朋友机遇空间董事长兼CEO胡世辉先生向我抛出橄榄枝，希望我能带着团队和原创内容IP进驻到他们的IP Mall中去——这是个新兴城市综合体，集社交、展览、办公、IP展示等功能于一体。

我非常看好这一空间形态在未来的发展，它的形态与我们想做的很多线下内容场景也非常吻合。在确定合作前，我首先考虑的是对方最需要什么。是原创内容的IP，是能够为其带动人流、梳理口碑、品牌影响力的优质内容产品，还是我们的原创能力？

基于这个共识，我们双方都倾力合作，一起策划出了一个特色鲜明、定位明确、形式性感新颖的沙龙活动品牌《亭说》。每期以一部纪录片电影切入，邀请与主题有关联的有趣嘉宾来分享，与用户在线下产生强烈的情感互动、思想共鸣。

我们的口号是"共同点亮人生的高光时刻",意即让每个人在这里找到自己的灵魂闪闪发光的那一刻。

在空间即媒体、体验即内容的时代,《亭说》很快取得了很好的反响,获得了受众人群的认可,建立了强联结、高频互动的粉丝圈层。

"我能给你眼下你最想要的。"这是我寻求支持前给对方准备的第一个理由。

第二个理由则是,你这样做几乎是零风险,或者风险在你能承受的范围内,而收益将远远超出你的预期。

所以,要提前了解自己想从对方那里获得的东西对他来说意味着什么,是整个身家性命,还是举手之劳?如果是前者,在你不确定自己必将成功的时候,就别开口了;如果是后者,在你的个人信誉和专业口碑很好的前提下,你只要开口,对方一定会帮你。如果有更大的把握,使他的投资成本翻倍就更好了!

第三个理由就是,我是一个值得你帮助的人。没有人会在一个没有价值、没有成长性的人身上浪费时间,除非这个人的时间也没有价值。我们怎么证明自己值得帮助?

首先，不要羞于表达自己的野心。一个伟大目标第一次讲，听起来可能荒谬，如果你持续五年讲了一百次，同时也没有改变过目标，还在坚持为之努力，最后别人一定会相信你的。

其次就是行动，行动比语言有效得多，人们会通过长期的观察，看一个人在做什么、怎么做的，去判断这个人的投资价值。以上这些都需要时间，所以，如果一件事十分重大，尽量不要向刚刚认识的人寻求帮助，而去找对你有长期认识、深刻了解和信赖的人开口。

在开口前所做的准备越多，得到成效的可能性就越大。以上这些方法用好了，我们就能做到弹无虚发、掷地有声。有一天，你会发现，自己行动虽缓，言语不多，但做事一出手一个准儿——这绝对是个了不起的本事！

透过噪声，听见生活给你的信号

一个礼拜六的早晨，我买了花，坐在家门口对面的咖啡馆喝咖啡。

那是夏末的一天，梧桐树叶正茂，蝉鸣轰然。我静下心来，听四周的声响。风声、蝉声、车声、人声，还有我耳机里轻微的音乐……此时，一片叶子掉落在地上，我能听见它掉下的响声。

细算起来，这么多重声音交叠在一起，在音棚里灌制唱片的话，应该至少有八九重音轨了。平时，我们能分辨出来吗？可能很多人就是模模糊糊感到身处在一片喧嚣的城市中。"喧嚣"一词，就概括了这一切。所以更难透过重重外界的杂音听见自己头脑中、心灵里的那个声音。

是的，很多时候，真正重要的信号就这样被杂音干扰和屏蔽了，比如，关于自己身体健康的信号。

巧的是，就在我在那儿喝咖啡时，发现一条微信进来。一个人自称"颠覆盈利模式商业设计"的人试图加我。一个什么样的人，凭怎样的能力，会有勇气取个这样的名字乱加人呢？

这是非常典型的噪声，可想而知，到处给人出主意、提建议的人是多么普遍。他们有他们的动机，我们不能断然认为这都是"恶"。可是，自己要能分辨、屏蔽。

现在，很多人做商业决策的时候，很喜欢讲流量、KPI、转化率等数据。这固然有一定的道理。不过，数据只能代表已有的趋势，不一定能代表未来。

分众传媒的董事长江南春说："中国人打仗把什么放在第一位？把'道'放在第一位。什么是道？道是人心，我们太多的时候讲了流量，其实人心比流量更重要……道的核心是什么？所有商业战是夺取人心的战争，一场你在消费者心智中如何取得优势的战争。"

江南春的这一席话，我深以为然。**流量只是表面的数字，而流量背后的人心，才是我们传媒工作者应该去认真聆听的信号。**

不仅宏观层面是这样，微观层面也是如此。

在写作本书的过程中，写到一半的时候，我遇到了瓶颈，开始觉得磕磕绊绊，好像值得写的话题都已经写完了。

后来，我意识到，需要放空自己，放下目标和传统写作思维的条条框框。我相信自己还有一些宝贵的经验和认知是值得分享的，只是它们藏在较深的地方，没有前面的题材那么容易浮现出来。

于是，我彻底休息了几天，忘记书的事和截稿日期，回归到当下的生活，投入感受每分每秒的生活。

就是在那些彻底清静的时刻，一些智慧的话语自动冒了出来，它们首先源自我当下某一个瞬间的感受，继而调动出过往的经验，迅速通过头脑的组织成为一篇既鲜活又逻辑连贯的文章。

如此，我的身体和思维的脉络被疏通了。之前，它们就好像淤堵住了，疏通它们的一个最简单的方法，就是从外在世界的干扰中抽离，回归到一个人的当下，倾听那个时刻的自己。

别怀疑，那一刻，你能听见内心的一切。

做公司，或者是一项事业，同样会遇到淤堵不畅，那时候怎么办呢？同样，你需要彻底的安静。

商业实践中的复盘、回归本质、回到自身的核心优势等，其实都是同一个道理。我同样遇到过这种淤堵，公司的相似产品做了不少，一个比一个大，看起来没有实质突破，作为创始人，我也体会不到最初的快乐，好像束缚和顾虑越来越多。

我该做什么？回到原点继续重复做一件事，还是自我迭代甚至颠覆，做一件别的事？

我没有急着去寻找答案，而是回顾四五年前刚刚创业时的状态，那时的我，生猛、无畏、朝气蓬勃而跃跃欲试，很多事情没想好也没有章法可循，可结果就是做得相当漂亮，打动了无数人，也得到了商业价值，为现在奠定了扎实的根基。我和我的团队也都过得充实而快乐。那时和现在有什么不同，我们是怎么做到的？

也是在一片静寂中，我找到了那个关键点。

那时的我全然接受自己内心的声音，并以其为最高指示，投入地行动，没有一丝犹疑。没有人投钱，我也要做；即使失败，我也要做，而且相信必然成功，根本没有失败的可能。

这种巨大的感染力得到了验证。有一次，我把要做的创业节目的想法讲了十分钟，一个投资人当场就做了决定，他说："你太阳光了，每个创业者都需要你身上的这种阳光。这个事有意义，我们来投。"

当然，也有很多非议，可是我都没有听。比如，一次，一个知名投资人问我："你的想法是不是太感性？我是理工科思维，你凭什么认为这件事你能比别人做得好呢？"我当时既没有回答，也没有辩驳，可是心里有清晰的答案："我能做好，就是因为我是我，而不是别人。我做的事，没人能竞争，也不必参与竞争。"

到今天，当时参与过我们那个创业节目的很多公司都消失了，其中大部分是基于技术或时下最热门创新模式的公司，而我们还在一如既往地添砖加瓦，不断完善节目。

是一颗不可更改的初心和真正的爱铸造了一切——那时候我内心坚定不移的声音就是唯一正确的信号。我听见了它、相信了它，于是做对了。

当我重新听见了那个声音，我知道接下来应该怎么去做。剥离别人告诉你的应该和不应该，做自己最想做的那件事，就是对的。在层层迷雾之中，那个信号或许微弱，可是当雾散去，它还在那里，并且会一直存在下去。

找到它，一生与之同行。

保护自己，记得留意对方的底线

有一次，著名企业家冯仑说，自己生日那天，女儿为他写了一篇文章作为生日礼物。为了回馈女儿的爱，他仔细梳理了自己多年商海征战与社会浮沉的经验，写了一篇长文送给女儿。其中有一句话很有意思，叫"平时比追求，战时比底线。"

他提到，在做生意的过程中难免有矛盾，有时候会很不愉快，个别时候甚至会跟人打官司。"在正常情况下，竞争时大家实际上是在比追求，比价值观，比愿景、使命，比商业模式，这些都是大家互相较劲的地方，你能走多远，取决于你的追求。

"但是，万一出现复杂矛盾的时候，究竟用什么方式来处理？这个时候，你应该特别注意对方的底线。如果对方的底线比较低，要小心。因为底线越低，手段越多，越让人猝不及防，甚至让人完全不知道是因为什么死的。"

经历过商海沉浮、大风大浪的人，这样的情形想必遇到过很多，在复杂矛盾中人性的暴露与各自底线的遵守，不是简简单单的"道德约束"或"契约精神"就能概括的——尤其是在上一代企业家所走过的中国经济迅猛崛起、草莽横生的年代。

通常，有了矛盾，大家会去仲裁，或者打官司，这时候，大家在法律上的底线都是一样的。可是，突然之间，对方的底线不在法律上了，比如说他做了非法的事情，这时他就把底线拉低了。

所以，当有矛盾的时候，一定要注意研究对方的底线，如果对方的底线不断放低，那你就要有所提防，甚至要有所反击地制止他继续拉低底线。

如今，年代已经不同，我们开始崇尚优雅创业，随着长尾经济的到来，小而美的企业也开始崛起，但是，这些前辈的经验我们还是要了解。我自己有没有受过伤害？或因为轻易信任他人，同时遇到了底线较低者而断送自己的利益？

当然有。这也是为什么我要和你分享这个话题的原因。

我曾经有位合伙人，创办公司时，他拉我入伙并签订协议，允诺给我股份，让我协助他打造内容，提升品牌。我们一起制作了节目，并在媒体平台发行，效果还不错。

一年多以后，对方以创业太难想放弃为由，带着这个公司兑换了另一家更大平台的股权，并入伙担任合伙人。后来，我大致弄明白了：这个人瞒着我早就注销了我们协议共创的公司的"躯壳"，另注册了独属于自己的新公司。在我们最后一次的交流中，对方做人做事的底线让我毛骨悚然。

写出这段经历，对我来说异常困难，但我决定这样做，因为这会对你有一些帮助和价值。选择与这样的人合作，是我自己做的决定，那么，最终一切的代价应由我自己承担。就像查理·芒格经常说的："**一个聪明人如果想骗你，就一定能骗到你。所以，务必选择与诚实的人合作。**"

谎言经常与我们的生活相伴，所以，有必要通过一些生活细节来观察与你关系紧密的人的思维模式、行为习惯以及对成功模式的自我要求——这都关系到一个人的底线。

记得芒格这样评价自己的合伙人巴菲特："他评价自己的过去时极其残忍，他想确认错误，并避免以后再犯。"对于底线比我们低，也对我们造成过利益损害的人，我们可以给对方找一些理由，去宽容、谅解他，但不要轻易原谅自己的失误，这样才能避免类似情况再次发生。

承诺再小，也会让人念念不忘

古人云："一诺千金"。这句话是说，一个诺言值千两黄金，一定要慎重对待，小心履行、兑现。所有的诺言不论大小，只要是承诺就价值连城。但在普通人的生活中，约好的事、面谈、饭局临时被放个鸽子其实很平常。

真的很平常吗？其实，对自己有要求的人，是能做到尽量避免这类事发生的。怎么避免？那就是在承诺之前多思考这件事情是否足够重要？会不会有更重要的事出现？然后再做承诺。

而一旦承诺，就意味着在重要项目的排序表上，这个事项是位居前列的，是需要我们付出时间履约的——哪怕要推掉后面的其他邀约。

所以，**再小的承诺也是承诺，不要轻易承诺，一旦承诺就不要轻易违约，这是对自己和其他人都负责任的做**

事的方法和态度。短期你可能觉察不到什么，时间长了，你会因此收获巨大。

有人可能说不太清楚为什么会对你有高评价，但就是深深地信赖你，愿意和你做朋友，所以选择一起做事。简单说，"这个人靠谱"的印象，会因为你不论大事小事都如约践行而深深烙印在其他人的脑海里。

如果我的朋友对我说："亭婷，我想邀请你来，但又担心你很忙，没有时间。"我会说："对于我认为重要的人和事，我永远都有时间。"

一次，一个上海财经大学的校友经由一位老师介绍，与我约好见面聊合作。她说不妨把见面时间定在周二，我说"好"，然后她说："哎呀对不起，我忘记了周二下午有个会，能否改周三？"我说"好"。

周二晚上，她发来消息说："对不起，我明天下午又有个重要会议，然后出差，我们能不能约下周？"

我回复这位同学说："你有个重要会议，说明你认为我们的约会不重要。其实，一切都不是有没有时间的问题，而是重要性排序的问题……那么，等你认为我们的见面足够重要时再说吧。"

　　这位同学后面又追加解释，其实我是理解的，但理解不理解已经不重要了。在做事和选择合作伙伴的层面，这至少体现了一个人对别人的时间是否足够尊重和懂得感激。

　　随着我们对自己和对自己所从事的行业有越来越清晰的定位，我们身边出现的每个人都将是重要的。因而不要忽略每一个待人接物的细节——机遇往往就潜藏在这些细节当中，就蕴含在每一次会面、每一次握手之中。

　　然而，当我们从内心看重每个人的时间，以及每一次会面的机缘，这份愿意信守每一个微小承诺的愿望就会油然而生。**这是真正的优雅，不轻易承诺，但每一次许下诺言后都如约而至——所有创造奇迹的机遇，就潜藏在这些真诚的履约行动之中。**

不是所有人都配得上你的耐心

善良、耐心、宽容……这些都是特别好的词语，但是，不要被这些外在的标签所绑架，我们是不是一定要做个善良或有耐心的人？有时候，不必非如此不可。

拿过21次奥斯卡提名的好莱坞影星梅丽尔·斯特里普说过这么一段话："对某些事情我不再有耐性，不是因为我变得骄傲，而是我的生命已到了一个阶段——我不想把时间浪费在一些让我感到不愉快或是伤害我的事情上。

"对于愤世嫉俗，过度批判，与任何形式的要求，我没有耐性。

"我不愿去取悦不喜欢我的人，或去爱不爱我的人，或对那些不想对我微笑的人去微笑。我不想再多花一分钟在说谎或妄图操控别人的人身上。我决定不再与假装，伪善，欺骗，或是廉价赞美共存……最重要的是，我没有耐心去对待那些不值得我有耐心的人。"

人都是一步步成长过来的，当我们自身无知和弱小的时候，需要积累阅历和体验，通过与其他人的交流、碰撞形成自己的人格，渐渐地就有了判断、鉴别的能力，也知道自己与什么样的人在一起最舒服。

人与人因为成长的环境和路径不同，会形成不同的价值观、修养与品位。和有的人在一起，会滋养和提升你的能量，让你觉得舒服也有成长；而有的人交流起来无法与你同频，相处起来会消耗你的能量。

我们的时间、精力、激情、意志力都有限，绝不是取之不竭、用之不尽的，所以一定要细心呵护、善用自己的能量，这样才能为真正值得的人和事贡献自己的价值。

不必担心因为你的拒绝、漠视或离去会对谁造成伤害。每个人都需要在挫折中成长，一个有内生力量的人，会从任何经历中觉察自己的不足，不断完善自己。

我收到过一条微信，是一个年轻女孩发来的。她很委屈和愤懑，但仍竭力以平常的语气问我："姐姐，你是不是对我有什么成见？为什么我跟你打招呼你都没回复呢？我想向你学习，你是不是应该礼貌地尊重我这个上进而独立的灵魂？"末了，还很侠义地加了一句："我们江湖上见。"

大概意思是"我也注定是在江湖上有一席之地的人，不要这么轻视或无视我的存在。"

我看后含笑，发自内心地给出高评分——这是一条好微信，有主张、敢表达自我。但我没有回复她。因为那天我生病在家，又忙于需要极度专注的工作。很多时候，我们并没有重要到足以引起别人对你的"成见"。

我们真正想向一个人学习的话，时时刻刻都可以学习。我每天殚精竭虑、冥思苦想、和盘托出自己每一份脑力与心力，正是为了能在每两周一期的《亭说》沙龙或其他节目里把最有价值的东西分享给大家。

为什么不来我的沙龙上，一定要我回应你一条消息呢？你能从我回应的一句"你好"中学习到什么呢？我们需要更深入地了解自己，自己需要的到底是真正的知识或价值，还是他人表面的赞许和重视。

尊严之心，是别人在真正侵犯、冒犯你的时候所应维护的立场、守住的底线；自尊心，更多是情绪层面的需求。像一个嗷嗷待哺的孩童要博取他人的关注、重视、回应，以证实自己的存在感。

一个人越想成事，就越应该淡化自己的自尊心。如果你对自己足够尊重，没人能撼动你的尊严。

一切社交的本质是爱

"社交"这个词，比在任何时代都更加显著地被提炼出来，并加以放大。

在商业社会，社交这一人类行为被附加以"巨大的、可被无限开发"的商业变现价值。然而，人们为什么要在今天这么强调社交呢？难道人类是从当代才开始社交的吗？

我小时候住在一个小镇上，读书的小学距离家步行只有五六分钟的时间。母亲就在那所学校任教，而和我同年同月同日生的发小和我家只隔两户人家。每天早上来找我一起走路去上学，下了课，我们一起回家，约好一起写作业，当晚谁家做的饭好吃，就在谁家吃。

妈妈们则总是互相分享拿手好菜，时而我的母亲让我给她家送一盆煮玉米，时而从她家端来一大盘牛肉馅包子。我们写作业的时候，两个妈妈有时会坐在床上织毛衣，为了不打扰我们而轻声聊天。

那是我们童年时代的社交，真的温馨、美好极了，现在想起，我的心头仍然会涌过一阵暖流。而今的城市，再难有这样的场景了吧。

成年人每天在学习、工作、发展事业的路上奔忙，为了扩展事业还要到其他城市出差，为了开阔眼界到世界各地旅行，连陪伴家人、孩子的时间都需要挤出来，多数家庭的居住空间也因为房价太贵而很有限。互相串门做客以及日常的聊天与陪伴，在城市中变得难之又难。

于是，大家需要专门的社交空间、场景与主题。通过社交不仅可以打发时间、互相陪伴，还能相互学习，获得知识与启迪，有助于使自己成为更好的人。于是，社交被赋予了更多的内涵与功能属性，很多人开始琢磨其中的商机，比如，知识分享与知识付费，课程培训，商品零售或社交电商，等等。

我问你一个问题：能否追忆一下你印象最深刻、收获最大的一次社交体验是在哪里发生的？当时的情景怎样？你遇见了谁，收获了什么？

先来给大家分享我的一次难忘的体验。那是在我的一个西班牙朋友莫妮卡举办的公益派对上，我来帮忙做主持人。那天，从台上下来，大家一起围坐喝酒的时候，我遇见了她的另一位朋友爱娃。她个子高挑，留着黑色披肩长发，笑容温暖而包容，让人一下子就能感到放松。

我注意到，爱娃的身材保持得非常好，一看就经常健身，于是我们从每天的健身和科学饮食以及自我调节聊起。知道她已经是四个孩子的母亲时，我非常惊讶，原来她大学一毕业就嫁给了她的德国老公，然后就自然而然地迎接了四个小生命的到来。现在的她是一位全职妈妈，最大的女儿今年已经到美国上大学了。

我在她身上感受到的智慧和领导力，不亚于任何一位优秀的职场女性。生育了四个孩子，身材还这样好，她对塑形和保持最好的状态也有深刻的经验。"我最大的体会是不再抗拒，越是拒绝越吸引，要学习彻底接纳自己当下的任何样子。当你不再感到害怕时，这件事情就不会发生。"

她告诉我，要像爱自己的宝宝一样爱自己，让自己经常处在最舒适的状态，常常抱抱自己。说到这儿，放松地坐在沙发里的她自然地张开修长的双臂，环抱在自己的胸前，就好像抱着自己的孩子般充满柔情，我简直要被这一幕融化了。

她还把心理学家武志红的《身体知道答案》推荐给我，这本书也让我受益匪浅。后来，我每每想到她当时的样子，都会想起她张开的双臂、舒展的姿态和微笑，以及她告诉我的要像爱自己的宝宝一样爱自己。

我想，我这一生都不会忘记她和她说的话，哪怕我们不再见面。而事实上，后来我们经常发消息问候和分享书籍。

我参与的所有活动——哪怕是专门举办的健康营养学的分享沙龙——都不及与爱娃的这次相遇对我的意义更大。我通过她说的方法和推荐的书进行了一段时间的自我调节，消除了当时已经持续好久的胸闷症状。

当然，自我调动能力和悟性也很重要，但一个关键的引导者在恰当的时点出现，真的能让人豁然开朗。**当我**

们在一些场合，不带任何目的，只是全身心放松的去感受和表达真实的自己，并用心与人交流，相互付出坦诚、友善与爱，那就是最好的社交，你恰恰能收获自己真正需要的东西。

不妨试一试全然放松下来，轻松而不抱任何目的地走入一个吸引你的人群或场景中。离开之后，问问自己得到了什么。你可能就会因为某一次相遇而变得不同。

人们为什么需要社交？

本质上，这是我们对爱的需求与渴望。那么，我们就创造爱、贡献爱，无论基于何种社交而达成的商业成就，如果不能提供本质的需求，都将是空中楼阁。让自己成为一个心中有爱并懂得分享爱的人，然后轻盈地走入人群吧。

CHAPTER 04

独立的思想：
内心才是一切的答案

摆脱恐惧，才能获得更大的自由

曾经，在节目里，有人问我这样一个问题："你对某位著名企业家的印象是什么？"

当时我就回答道：霸气。在他的身上充满着那种表达欲、表现欲，还有优秀企业家天然的张力。

我记得有一次跟他面对面做专访的时候，我从普鲁斯特问卷中抽出一个问题来问他。这个问题是："你内心有恐惧吗？"

他说："我没有任何恐惧，我这一生都没有任何恐惧"。

他就是具备那种非比寻常的气势。虽然我明白是人都会有恐惧，但他当时说话的态度让我领略到一个企业家的魄力，仿佛他能自如地掌控一切局面。

这种状态，我也心向往之。

有一回，我和一位许久不见的友人吃晚饭，席间他提出一个问题："像你这样的人，还有什么恐惧吗？"这真是一个好问题，我问了自己很久，试图找出问题的真相。

美国著名成功学家拿破仑·希尔84岁时出版了《心静的力量》一书，这本书可以说是他一生智慧的结晶。我很幸运，作为一个曾经一度抗拒成功学的人，翻开的第一本成功学书籍就是这本《心静的力量》。

阅读它的过程中，我感受到了无穷的启发和力量，而自己多年来摸索出的很多实践方法，也在其中得到了有效的印证。

希尔为了教人获得平静，专门用一章的内容探讨了恐惧。

他将恐惧分成七种，分别是对贫穷、批评、不健康、失去爱、失去自由、年老和死亡的恐惧，认为它们相互助长，只有像清除毒素一样毫不留情、不留任何余地地让自己与这些恐惧割裂、隔绝，才能真正拥有一个自由、高效、平静和富有的人生。

通常，在闲暇时刻，我习惯与自己深度对话，通过了解内心真实的状态来不断改进自己。在一个阳光明媚的周六的早晨，我听着音乐，一边喝着咖啡一边问自己：
"你是否还心存恐惧？如果有，你恐惧什么？"

你是否恐惧贫穷？

我相信我将不会再畏惧贫穷，原因是我有可量化的物质财产。我是个吃苦耐劳的享乐主义者，这是我的生活态度，所以一定会有丰富的精神和物质享受。我用十几年的辛勤耕耘和沉淀，成长为一个领域内几乎是最专业的人，我用漫长的坚持成为一个值得信赖、可以放心合作的人。

一旦在社会上拥有了专业和信任，就会摆脱贫穷。

所以，我对贫穷早已没有恐惧。你是怎样的呢？你是否恐惧贫穷？它是否藏得较深，让我们产生了忧虑，影响着我们的心情和状态？试着问问自己。

你是否恐惧批评？

对批评的恐惧抑制了人们表达主张、自我突破。几乎任何一个人要创造一个前所未有的新东西时都会遭遇批评，例如，反对、不屑、嘲笑、打击、冷漠。

要克服对批评的恐惧，我们首先要分辨善意的反对与习惯性的吹毛求疵。前者出于责任感，后者出于嫉妒、无聊、缺乏存在感。我们可以适当地倾听和采纳前者，对后者不妨直接屏蔽。

无线电的发明者、科学天才尼古拉·特斯拉一生都备受指责，由于他大胆而超前的想象力，很多人嘲笑他是空想家，他的许多发明在生前并没有得到公平地认可。直到他去世五个月后，美国最高法院才最终裁定他为无线电发明者，而他在纽约客旅馆3327号房间逝世时，一贫如洗。

特斯拉曾说："当下是他们的，而我致力于研究的未来，是我的。"这昭示了他在一片质疑声中，内心仍保持着巨大的定力。

你是否恐惧疾病和死亡？

我们大可不必在疾病到来之前担心它，只要保证每天按照自己的意愿活出自己就好了。有句话说得好，**最好的养生就是把每天都淋漓尽致地活透了**。内心舒畅、内外合一，说自己想说的话，见自己想见的人，做自己喜欢的事。

　　至于死亡，那是每个人的终点，巴菲特在80多岁的时候说："我没有感到我每天的快乐因为年纪变大而有任何衰减，反而越来越快乐了。至于死后的世界是什么样我也不知道，说不定也挺有趣的。"这种面对生命的豁达态度，值得我们每个人学习。

　　有些人最害怕失去爱，我曾经也如此。后来，我对爱的理解渐渐从小我的需求扩展到对大爱的追求。如果有热情和能力去爱这世界的一草一木，一花一鸟，去照顾好身边每个人的感受，无论他们和你有没有关系，都尽心去友善对待，那么，为什么要担心失去爱呢？

　　爱是每一天的言行举止，是从你的内心自发洋溢出来的气息，是一种能力，这种能力源于并取决于你自己。只要你愿意去爱，就会时刻活在爱里。

　　一旦你恐惧失去什么，就会被什么剥夺自由。

　　一旦心生对失去一样东西的恐惧，你就想控制、想占有，这种力量同时也会束缚住自己，让我们无法自在前行。没有什么真正值得我们担心或能夺走我们平静的生活的东西——除了自己内心的恐惧。

不必害怕失去任何人的陪伴，你在变，你身边的人也在变，只要保证自己越变越好，被你吸引来的人自然也会越来越优秀，能力越来越强，和你越来越有默契。

也不必害怕失去任何物质上的东西。一旦你开始担心，就想想你一无所有的时候，你什么都没有的时候，是不是依然有人欣赏和陪伴，依然很快乐？而你已经创造出今天眼前属于你的一切。你成长了，变强了，未来一定会更好。

在我认识的朋友当中，有一个人以洒脱的姿态克服了一个女性在成长道路上可能面临的所有恐惧，她是陈愉——31岁就当选了美国洛杉矶市副市长。任职期间，她推动自己大学时对政府管理的项目计划并被时任加州州长（阿诺德·施瓦辛格）签署为法律。卸任后，她做过全球顶尖的海德思哲人力资源公司的负责人，并创立了自己的猎头公司。

她写过一本畅销书，名叫《30岁前别结婚》。这本书首次出版于2012年，在很多女性还在恐惧成为剩女的年代，她就向全世界提出了这个口号。

2016 年，她来上海做《30 岁前别结婚》纪念版发布会的时候，我担当主持。这些年，我从她身上看到那种逆风而行、无所畏惧的大女人姿态——那是一个女人最迷人的姿态。

她在书中这样写："将生活掌握在自己手中，有些女人真的得到了一切。""**无论我们单身、已婚还是离异，作为女性，我们都可以凭借自己的力量让生命如繁花般绽放。**"

在那顿晚饭上，我想了想后回答朋友："我已经没什么恐惧了。"说出这个答案后，我内心十分坦然、舒畅。

不要让你的担心为你设限

　　我一直是个吃苦耐劳的享乐主义者，对居住、吃喝等生活中的一切感官体验有高要求，即便在艰苦的事业开创期，也没有对生活质量做出妥协和牺牲，因为我笃信此生所做的一切首先是为了快乐地活着。

　　所以，多年来，我一直居住在上海旧时的法租界，这块区域悠久的历史和来自各个国家的人文气息，让人倍感惬意。

　　有一天，我"厌倦"了住在这一带的海派老房子里，决定搬进一座现代高层豪华公寓，租金是之前的三倍还多。

　　那时候，我虽然工作稳定，但还不算是个富人。要不要负担这个突然激增的开销，满足自己对生活的渴望呢？会不会有朝一日压力太大担负不起呢？很多担忧阻挡我下定决心。

我去看了心仪的房子，当时前面的租客还没有正式搬出，是一个英国单身男士，我去的时候他人不在，据说他是百事可乐公司的跨国高管。

走进房子的那一刻，我一下子就被整个房间的氛围打动了：从客厅的地毯到整墙书柜的每一本书、摆件、相片，书房里的绿色单车，客卧床上铺满的凌乱的各色衬衫，主卧的巴厘岛风格实木大床和墙上的猩红色块现代油画，到毕加索风格的雕塑……这应该是一个热爱生命、用心生活的人该有的家的样子。

我当即下定决心——我要住进这所房子。

正在做最后的考虑时，我偶然看见一位朋友的微信签名——"担心是魔咒"。他是我的学长，在一家投资基金公司担任高管。

我问为什么担心是魔咒？他用非常理性的方式回答了我："在一件事还没发生的时候就去担心差的结果，其实是在给自己设限。而以局限的认知和思维预设的结果，大部分是错的。放下担心，就是不给自己设限，你将拥有破除边界后的无限可能。"

此外，他还给了我非常接地气的建议，告诉我该怎样跟房东就价格进行谈判。

我豁然开朗，随即去见房东。奇迹就在这个时候发生了，房东太太居然是我几年前认识的朋友。我们虽然不熟，但彼此印象非常好。她的先生也彬彬有礼、绅士而友善。

我们详谈一番后，像一个项目的合作方那样达成了良好的合作意愿——他们会以最低的价格租给我，而我会用我的专业能力帮助他们的业务。在后来的日子里，我们既是朋友，也是事业上的支持者。

我如愿以偿地住进了理想的居所，所有在家的时间都得到有效的补给，那是和我内在的渴望和气质最相吻合的能量。家中的环境与我之间产生的联结和共鸣则给了我无穷的灵感、勇气和安静平稳的状态。

搬进新居后，公司的运转也稳中有升，做了好几个各方都皆大欢喜的好项目，完全没有为生计发愁的机会。简言之，一派其乐融融。

著名的墨菲定律具体有以下几方面的内涵延伸：

（1）任何事都没有表面看起来那么简单。

（2）所有的事都会比你预计的时间长。

（3）会出错的事迟早会出错。

（4）如果你担心某种情况发生，那么它就更有可能发生。

这是通过统计学和概率得出的一系列结论，尤其是第四条，直接给出一个担心可能会加重坏事发生概率的结论，你可以反复咀嚼，细细品味。但更重要的是，因为你把关注力聚焦于坏的结果和可能，就必然无法专注地寻找问题的最佳解决方案。

所有的问题都会有解决方案，而且不止一种解决方案，有能力的你可以从中优选一个最佳解决方案。重要的是，不要在开始之前就用狭隘悲观的思维给自己设限，那才是真正的死路一条。

当你面临一个决策时，针对眼下掌握的信息去做一个预判是必要的，但永远要清晰地认知到，自己的信息是片面的，你的判断很可能是错的。就算是一盘死棋，其中也必定有一线生机，重要的是敢率先往前一步，打破僵局，突出重围。

只有你不为自己设限，才会足够好运。

疼痛是成长的契机

那是我遭遇人生至痛的一个清晨。

早上八点左右醒来后，我开始感到右侧腹部疼痛，起初并不严重，但那种痛来自身体的深处，并不断向周边蔓延。

半个小时后，我陷入深深的恐惧，这股疼痛已经遍布全身，仿佛身体核心的力量完全被吸走，双腿也瘫软无力。当时我一个人在家，助理正在赶来的路上，尚算清醒的神志告诉我，等下去会有危险。于是，我立刻拨打了120急救电话。

十分钟后，急救人员来了，我随后被架上担架。钻心的疼痛还在不断加剧，一位医生在电梯里就开始击打我右侧的背部，问疼不疼，疼——当时这疼痛从腹到背击穿了我的身体。我握紧助理的手，躺在救护车里不断呻吟。

所有外部的疼痛，包括擦伤流血、骨折都比不上这种疼，因为那些是局部、具体的，而这次从内刺穿的疼痛像深海中躁动不安的恶魔。后来，我知道那是结石——我的右侧输尿管中有一颗五毫米大的"小石子"——一枚坚硬的矿物质颗粒与身体器官管道壁之间碰撞摩擦引起的痛，我算领受了。

这么多年，我没有停止过追求卓越，我立志拒绝平庸。但当我躺在救护车上，眯着眼睛感受到那天灿烂的阳光时，五年来，我第一次觉得：做个平庸的正常人真好，只要不疼，能站着，能走路，不必痛苦呻吟——只要日复一日静静地活着就好。

那天，我打了三瓶点滴才止住疼痛，我的朋友、兄弟姐妹们从四面八方赶来陪伴，一位师兄说："你看你，平常那么高冷，生病起来却弱弱的，更可爱。"这时，我才知道有这么多人关爱我，而我原来如此的需要大家的爱与陪伴。

做个弱者的感觉真的温暖极了，这是我以前不知道的。

这次剧痛给我带来的启迪，同样令我一生受用——我会允许自己成为弱者，欣然接受他人的照顾、陪伴，花更多的时间与相爱的人依偎取暖。有意思的是，这是认知和意识层面的改观，而在行动上，我发现自己并没有停下脚步。

休养到第四天时，疼是不疼了，但我的体能还是没有恢复。那天，要举行第三期《亭说》沙龙。计划是早就定好的，所有嘉宾和观影观众都已确认要来。我们每期以一部电影切入，那天看的是纪录片《哈利·波特——魔法的历史》。

缺席历来不在我的工作选项当中，那天我如约而至。

《哈利·波特》的作者J.K.罗琳在写作这部书六个月时，经历了母亲的去世。这对她来说是一个沉痛的打击，在随后创作的几年中，失去母亲的疼痛一直伴随着她。她说："没有人知道《哈利·波特》是在我人生最低迷和混乱的日子中写出来的。"

母亲的离开改变了整个故事的走向，整部作品充满着失去的意味。然而，也正是这沉痛中锻造出来的专注、思念的力量，用魔法战胜死亡的信念与决心，最终成就了这部伟大的作品，也成就了作家罗琳。

有人说，活着就是受苦。活着，一定会受苦，但生命不会白白受苦。我将每一次必须承受的苦痛当作是老天的赐予——不要用不得不承受的心态面对它，而是将心态转换成接受恩赐。如果每一次都以这样的心态面对，人生是不是会大为改观？

接受它，面对它，用尽全力去发现生命到底想通过疼痛告诉我们什么。当疼痛消失后，带着它赐予我们的礼物，继续更好的前行。

你无须那么成功

看到一本书，封面上写着这样一句话："焦虑不安时代的生存法则。"这样的宣传，多半是因为设计者认为这样的字眼能触动人心。

这个时代真有那么令人焦虑不安吗？你真的焦虑吗？可能很多人想也没想，就以为"我一定是焦虑大众中的一员。"我也想解决这个问题，至少我要预防这个问题。于是，我毫不犹豫地买下了这本书。

有时候，我们会轻易地被他人或更聪明的人创造出来的一个需求所感召，认为自己存在这个需求，于是去购买了所谓的解决方案。然而，很可能你并不焦虑。你最需要的是安静下来，感受自己，看看自己真正需要的是什么，而不是听别人说你需要什么，并不假思索地相信。

我们把衡量自身的需求分为三类。第一类，追求幸福；第二类，追求成功；第三类，追求舒适和平静。这三者并不矛盾，在某一阶段很有可能幸运地合为一体，但大概率要为了其中一项而牺牲另外的选项。

比如，成功和舒适要互相妥协，追求成功意味着要不断迎接新的挑战，解决新的问题。这时候，你需要不断地与外界产生碰撞，必须通过深度思考才会发现问题的本质。

我的观点是，人生是一个阶段一个阶段的，每个阶段追求的状态不同，也不必相同。知道自己每个阶段的第一追求是幸福、成功，还是舒服，然后不要纠结，为当下的阶段做出适当牺牲，在未来的任何阶段都不后悔，就能达到人生的幸福或成功。

所以，不要马上接受大众媒体或某些意见领袖告诉你的"这是一个焦虑的时代，你一定是焦虑的，否则你就必将孤独……"通过冷静的独立思考，认识我们自身真正的状态和需求，再去满足自己的需求。

我想分享身边的两个小伙伴的状态，他们都是九零后。在他们身上，你能看到很多年纪更大的人所没有的笃定与澄澈。

第一个是我长期合作的摄影师小白。她从英国留学回来，一直爱好摄影创作，回国后先加入了一家创业公司，团队做得不错，后来被腾讯收购。新股东给了她很高的薪资，想让她到深圳工作。

她考虑了一下，觉得上海更适合发展自己所热爱的摄影事业，于是放弃了高薪，留在上海成立了个人工作室。

她把微信签名改为"余生皆假期"。每次做拍摄项目，她都能全身心投入，常常能创造出让人惊艳的作品。我相信，她必定会走向自己想要的成功。

另一个九零后也是个女孩，她在大学学的是英语专业，毕业后爱上做公益，经常参与到公益活动中，同时不断挖掘自身的潜能。

我们上次联络时，她在崇明岛上每月花600多元租下一间宽大的房屋，兼职教书。在那里，她有大量的时间阅读、写作、务农，而她居住的房屋外面就是农田、森林、河流。

这两个人既没有大富大贵，也尚未功成名就，可她们值得我学习一生。她们自足且平静，却活得那么动人而灿烂。

这个世界焦虑吗？你焦虑吗？多看看身边那些身在城市里却过得像陶渊明一样优哉游哉的人吧。

如果你真的有那么一点焦虑，有一个办法或许可以帮到你——把藏在心灵深处的那句微弱的"我什么都没有"，换成"我什么都不缺。"

在意识的角落，才能看到更真实的自我

　　心理学大师荣格有一句很著名的话："潜意识正在操控你的人生，而你却称之为命运。"在他的这个权威理论中，未经显现的潜意识指挥我们做了很多决定，而这些潜意识是人们不自知的，久而久之，这些或大或小的选择积累成了一个人的命运。

　　有一次，樊登读书会的创办人樊登在演讲中讲到了这个理论，并举了一个很生活化的例子。他说，很多潜意识是在我们的童年时期在家庭中的经历植入的，儿时的朋友或父母对我们造成了一些深刻的影响后，意识层面的我们以为自己把事情忘记了，其实那些感受被深深植入了我们的潜意识当中。长大后，我们不会轻易察觉。

　　比如，一个女孩子在儿时父亲管教非常严厉，命令她所有的玩具玩完之后必须放归原位。有一次她忘记了，父亲随即把她最爱的一个玩具扔到了垃圾桶里——她永远地失去了它。这件事对她造成了很深的伤害，恐惧、委屈、受伤，失去爱的感觉……

这些感觉在成年后藏得很深，那么，外化的表现是什么呢？女孩儿成了一个习惯把卫生间弄得乱七八糟的人。她会找一个什么样的人做男朋友呢？她会找一个即便她把卫生间的东西放得再乱都不会责怪她的男人做男朋友。

这就是潜意识帮我们做出的重要决定。

所以，并不是命运在主宰我们的人生。适当倾听和察觉自己的潜意识是很重要的。潜意识不会帮助我们立刻做出正确的决定，却会帮助我们更深入地了解真正的自己——这是未来做出更多好决定的前提。

我们为什么能走到今天？为什么会胆怯？为什么会逃避？为什么会妥协？为什么明明受了委屈还接受？为什么选择Ａ而不是Ｂ？

在一些时候，放下精密的逻辑思维，在放松的状态下，让自己的潜意识自然地显现，也许，我们会找到更好的答案。

很多时候，我们为了追求成功，花大把时间去恶补思维逻辑上的方法论，企图把自己训练成一个像机器一样精准、缜密的人，以为那样就不会犯错，或少犯错。尤其是创业的人，各种创业的"八项军规""十大铁律"扑面而来。

"我担心的不是人工智能会像人一样去思考，而是人会像机器一样去思考，从而失去感性，失去爱的能力。"一次，当大家一起交流科技创新和人类的未来时，ECI国际创新奖执行主席、戛纳创意国际评委贾丽军博士这样说。

《原则》，是我唯一深读过的讲思维与方法论的书，它在智慧的成就上高于一切专门指导创业思维的书，因为它讲的不仅是创业、领导，更是讲如何在生活中决策。

当我们吸取别人试图灌输给你的思维时，要适度、要设防，当我们的思维越强大、越沉重，我们的直觉就会越迟钝，潜意识就被埋藏得越深。当我们无法察觉自己的潜意识时，就只好任命运摆布，被人牵着鼻子走。

在适当的时候，放下逻辑分析与理性，其实也就是人们常说的"倾听自己内心的声音。"在一切分析和理性都无法帮我们做出决定的时候，不妨彻底放下分析和理性，让自己安静下来，看看潜意识告诉我们什么，往哪里指引我们。

这也是荣格说的另外一句著名的话："当潜意识被呈现时，命运也就被改变了。"

感受到无我的状态时，真正的好运才会降临

感受到无我的状态时，好运才会降临。这句话听上去很容易理解，因为很多人会说"众利、利他""助人达己"等，其实到了这个层面都是一个结果。从自我认知上，一个人从重视小我到无我，都会需要一个过程。

这两种状态之间，隔着的是能力的提升，能量的积淀。

当我们能力不足，或初出茅庐时，在哪里都处于相对弱势的阶段，需要拼命学习，吸取他人的经验和帮助。这个阶段，我们做所有事情的出发点，都会先从维护自身利益、提升自我价值开始，这是很正常的，也是必要的。

试想，一个人的能力有限时，我们怎么可能处处为他人着想呢？就如同一个人先有能力爱自己，才会有能力爱别人的道理是一样的。在这个小我阶段，我们只要埋藏一颗利他之心的种子，知道设身处地地理解别人，力

所能及地帮助一些人，就很好了。

我也是用了好几年才逐渐完成了这个转变。在四五年前，我制作和出品的所有节目都是以我为核心，无论是镜头前还是镜头后，总是我来做主持人、总导演，把控一切。

我希望自己尽快获得认可和证明，证明自己离开了大的平台依然可以在公众视野有一席之地。而在客观条件下，这也成为最好的选择——创业之初，由于我们的规模和实力有限，所以一切只能靠自己。

从主观到客观，就促成了这样一个以我为中心的局面。

2016 年年初，我第一次到拉斯维加斯参加国际消费电子产品展，以骑翼文化创始人的身份报道那里的中国科技创业企业。我十分紧张，怀疑自己是否有资格作为媒体创业人士获得入场资格——因为大部分观展者是要买票的，票价很贵而且比较紧张。

到现场注册处，我提供了自己的名片、身份证明以及创办企业和出品视频节目的网站，想不到短短五分钟就成功注册了入场资格。

这次行动是我突然做的决定，当时那里没有一个人接应，也没有一个同事陪同，原本，我十分忐忑，可是瞬间就获得了极大的成就感，觉得一个中国初出茅庐的创业者在美国获得了认可——那也是我所创办的新公司在一个国际平台上获得身份的认同。

那次我漂亮地完成了一些"不可能完成"的任务，我在现场巧遇到我原来在第一财经的总编辑秦朔老师，邀请他参加录制了我们的一期节目。我印象非常深刻，秦朔老师在向他的美国的朋友介绍我时说了一句："这是一个非常有能量的人。"

我不知道他是否还记得，但这句话一直到今天都令我深怀感恩。在我刚刚踏上创业之路，战战兢兢却无知无畏的阶段，这句话给我注入了巨大的能量，激励和陪伴着一个弱小的小我，逐渐成长为真正能够释放一些能量去照亮别人的人。

在从小我走向无我的路上，会有一些小现象，可能突然某一天你就发现自己不一样了，自己的关注点不再是聚焦自我，而是看见众人，每一个人。

比如，你会忽然发现自己不爱自拍了，而是愿意发与很多志同道合的伙伴在一起的大合照——在人群中，让你觉得自己更有能量，并爱上那种互相取暖的感觉。

你还会发现，自己最满足的时刻不再是获得赞美的时刻，而是听到别人说："你这一席话，解决了我最近的一个大困扰，谢谢你带给我的启发和鼓励。"

这就是当你帮助到他人的时刻，这个时刻反过来回流给自身巨大的能量，让我们觉得每个人都可以有伟大的、利他的灵魂。

2019年，一位观众对我说："亭婷，我读了你的书，看过你所有的视频，我想在合适的时间相遇，才是真正的相遇。"这句话使我深信，我真的帮助到了一些人，它会激励我在未来的路上走得更远。

当我们能感受到无我的状态时，好运才会降临。因为你的服务精神将吸引到真正需要你的人，并且向你聚拢。你服务和帮助的人越多，价值就越大，你自身的价值将为你换来你真正需要的一切。

你的孤独是一个容器

很多人会讨厌和害怕孤独。每当在一个热闹的餐厅，大家都是亲友或恋人相聚，只有你一个人孤零零地坐在那里的时候；当忙碌了一天回到独居的家中，进门打开电灯开关，发现你这一天的好运或坏事都无人分享的时候……

我也有过这样的时候，有一阵子，为了回避那萧条寂寞的时刻，我早上出门时甚至不敢关掉家中所有的灯，一定要留下一盏，以便夜晚回来时家是亮的、暖的。

但偏偏有人会写出这样浪漫的诗集，叫《我的孤独是一座花园》，这是著名叙利亚诗人阿多尼斯的杰作：

我与光一起生活

我的一生是飘过的一缕芳香

我的一秒是日久月长

我的脚步喜欢红色的火焰

喜欢荣耀

每当它到达远方

就自豪、骄傲

何时我能得我所求

抵达终极、享受安逸?

小路对我说:"从这里,我开始。"

你看,从孤独当中,能诞生多么唯美的意境和生命力。

我的一位朋友毕业于北京大学社会学系,喜欢考古与历史,在商业和职场也十分成功,曾经是一位知名互联网公司的CEO。后来,他渐渐退出职场,去享受艺术和旅行。他酷爱一个人的旅行,说:"一个人的路上,全世界都对你友善。"

一个人行走的时候,会面临更多的可能性,常常会有意想不到的惊喜发生。让你觉得,原来人生会有这等境遇在某一个角落等待着我们。

从江户时代传承至今，有160多年历史的老店"野田岩"，其第五代传人金本兼次郎有一次在接受访问的时候，说起父亲对他的家训，有一句话是这样说的："单独前来的顾客更要好好款待。"

我听后印象深刻，心里顿时涌起一股暖流。单独前来的人，此刻可能承载着更多的人生故事，压力也好、不幸也罢，需要被格外细心照料。也正因为如此，他绝不是最落寞的，反而是最幸运的。

所以，不要害怕孤独，当我们必须承受孤独的时候，告诉自己也未尝不好，你很可能进入了一个装满了各种幸运的大容器中。

在上海长满法国梧桐树的东湖路上，有一家我格外喜爱的西餐厅Stone Sal。在创作这本书的过程中，我经常到这儿享受简单的料理。有很多灵感都是在这儿独坐时，望着窗外连接成片的梧桐树叶产生的。

我每次都坐在固定的位子。久而久之，从老板到主厨、服务生和侍酒师都和我很熟了，对我照顾有加。我每次一进门，就会收到盈盈的笑容和关切的话语，越到后来，我越是珍惜与这一群原本素不相识的人的相聚时光。我会注重去吃饭时的穿着打扮，尽量化精致的妆容，因为我知道会收获他们的开心和赞美。

有时候，这间餐厅顾客爆满，所有人都在欢声笑语举杯共饮，只有我一个人形单影只地坐在那里。我会从其他人的眼睛里看见——"这个女人好孤独啊，打扮得那么漂亮，可是身边没有一个贴心的男人或朋友，真的太可惜了。"

有时候我也问自己，要不要这样看待那个孤独的自己。"你在此刻拥有什么呢？"回答太多了，头脑中有很多思想与灵感的火花——对一本书自信的期待，未来的一大群可能受益的读者，以及对此刻能一个人坐在这里独享美味，稍后自己为自己买单的选择权。

永远记住，**你的孤独，不是你必须要承受的结果，而是出于你忠于自己的选择。**

有时，我站在落地窗前，看着对面楼宇中一盏盏灯火，有个声音会响起："没有一扇窗里的生活让我想纵身一跃。"那个时刻只属于我自己，它一定是孤独的，但正是这种与人群之间微妙的疏离感让我冷静地觉察自己的身心——我现在舒适吗？快乐吗？此刻最想要什么？最该做什么？

我很欣赏的一位作家朋友水姐，在她的作品《任凭世事变化，内心鱼鱼雅雅》里写道："一个人就是一支军队，鸟飞成阵，威仪整肃，对抗内心和外在环境的动荡变迁。"

社会越来越喧嚣，我们不一定要经常去向专家们学习社交技能，而是要靠自修自得。只要细心观察，万物皆为吾师。

可以不要热闹，却一定要丰富。

第一次约会，我该和他接吻吗？

有女孩子问我，我们才第一次约会，我该跟他接吻吗？

其实，她能提出这个问题，说明她的潜意识里已经有了答案："我才和这个男孩子第一次出去，不能有太亲密的举动。"这是小时候父母教我们的，为了增强女孩的安全防范意识和自我保护能力。但成年后，关于情感和身体关系的课题，需要我们自己探索，对自我进行再教育。

　　"要不要接吻，先问问自己。"我回答这个女性朋友。在此之前，当然包括是否喜欢他的样子、举止、语言、声音以及他身上散发出来的气味和气质。在一顿正式的晚餐快吃完的时候，对以上这些你都应该有所判断。

　　判断这些的前提是，你必须集中精力去感受自己的感受。不要把注意力全部放在对方身上，或是放在你们所聊的话题上。不要全身心投入到外在的事物当中，你跟任何人在一起时，都至少应有30%～40%的注意力集中在自己的身体和感觉上。

　　此时此刻，你的呼吸是否顺畅；当下的环境、灯光、聊到的话题和对方的表达方式让你感到轻松还是紧张？如果你察觉自己稍有任何不适，那就应该马上调整自己，或尝试影响一下周遭的环境和人，将一切调整到自己最愉悦、最舒适的状态。

　　如果你发现自己的身体因感到陌生而有些僵硬，那就找个靠垫靠一靠，想象自己窝在家中最熟悉的沙发上。这并不影响你对身边人的尊重，身体舒展了，你的行为举止才会为自己增添无限的魅力。

如果对方过于滔滔不绝，完全不和你互动和关照你的感受，那么，不妨给他信号。你可以主导下一个话题，也可以请他慢点说，或直接说你不感兴趣、听不懂。

你一定要在意自己的感受，不必为了迎合某一个人或场景而委曲求全，刻意表现出热情、外向、崇拜、欢乐等情绪。一切都应该发自内心，只要是当下自己最真实的状态就可以了。

无须用语言被人关注或证明自己在场，静静倾听大家的交流，感受环境中的一切，汲取自身需要的养分，像一株植物一样与周围的环境融为一体，默默地呈现出一份祥和的尊严和端庄——这是最高级别的存在感。

当别人偶然瞥见你时，会发现身边有一个如此美丽的倾听者——好似含蓄内敛、不事声张却蕴含着张力的画作。

在所有感受中，我们最应该重视的是被尊重。不论是在人群中，还是在一对一的交往中，都应该时刻保有一颗尊严之心。一代京剧大师周信芳的女儿周采芹如今已经86岁了，她是英国皇家戏剧学院的第一个中国学生，16岁时就独自一人在异国他乡开始学习表演。

在那个年代，中国人在西方还受到严重歧视，东方面孔在西方的舞台上几乎没有任何露脸的机会，周采芹在早年演的角色几乎都是"妓女"。对此，她评价说："西方没有见过好的东方女人。"

她一边艰辛求学、开拓自己的表演事业，一边积极拓展人脉和社交圈。

当时，西方人对东方女性有着刻板的印象，经常对她们动手动脚，有些人忍忍就过去了，但周采芹永远是一记耳光甩过去。"我不需要这些帮助也能一步步地走出来，我有我的价值，我不是一块谁都能碰，谁都能动两下的肉。"她这样说，那女王般坚毅执拗、充满威严而不可侵犯的眼神，是她尊严之心的完美诠释。

在西方学习的过程中，周采芹不仅格外注重维护自己的尊严和感受，而且在舞台上面对那些对她有失尊重的观众时也立场鲜明。

有一次，她在台上表演，台下坐着一对夫妇，太太不停地跟先生讲西班牙度假的事。这时，周采芹停下表演，当着全场观众的面对这位太太严厉地说："我在进行我的表演，而你从进来起就在不停地说，现在，请你停下。"

　　说完，她就离场去了化妆间。过了一会儿，那位太太的先生来敲门，对她说："我是来对你表示祝贺的，我跟她结婚二三十年了，而她从没停止过唠叨。祝贺你今天让她闭上了嘴。"

　　这个世界上，走到哪里都会有欠缺素养的人，当你感到被冒犯、不被尊重时，大胆表达出来，不仅维护了自己的尊严，同时你也对社会做出了贡献——让对方知道自己存在过失和不妥之处，明白什么是真正的优雅、体面和尊重他人。

　　我至少有两次在有很多位高权重之人的饭局上，在感到被冒犯时立即离席。其中有一次，一位男性在敬酒时举止失礼，语言粗鲁，我当着众人的面直接把酒倒进了他个人份的火锅里。

　　我们要有勇气告诉大家，你是谁，值得得到怎样的对待。

爱，也要有一定的距离

在追求自由独立的路上，处理好与自己、与他人的关系都十分重要。还有一种关系容易被忽略，却十分关键，那就是与父母之间的关系。我们要按照自己的意愿过一生，就必须获得他们由衷的信任和支持。

美国作家斯科特·派克所著的《少有人走的路》一书中，单列了"独立的风险"这一章，他写道：

我们的一生要经历数以万计的风险，而最大的风险就是自我成长，也就是走出童年的朦胧与混沌状态，迈向成年的理智和清醒。很多人一生都未实现跨越，他们貌似成人，有时也小有成就，但其实心理远未成熟，甚至从未摆脱父母的影响，而获得真正的独立。

在我举办的一个沙龙上，大家一起看纪录片《成为沃伦·巴菲特》。在影片中，巴菲特不断强调，他和查理·芒格最大的幸运，也是相同点，就是他们都有一位可以学习一生的父亲——从父亲身上，他们源源不断地获得智慧与支持。

"从小，父亲就告诉我，只要你知道自己为什么要做这件事情，那么就去做好了。"巴菲特的这句话非常令人羡慕，因为这样的家长并不多。

我的一位朋友Kelly应邀出现在这次沙龙，她是一位非常出色的电台音乐节目主持人，采访过很多格莱美大奖得主。看完电影与大家交流的时候，她十分坦诚地分享道："我两天前刚刚为了追求梦想自己创业，而正式辞职了。"

我们听了都很为她高兴，可是她后面继续说，自己面临的最大的难题来自母亲——她的妈妈对她放弃电台主持人那么好的工作极度不理解，担忧她未来的前程，母女关系处在激烈的矛盾状态中。

看得出来，Kelly很苦恼、委屈，又有些茫然无措，请大家给她一些建议。在场的另一位女生马上站起来分享了自己与她几乎一模一样的经历。她当时是用一封长达七页的信与父母深度沟通，才争取到了他们最大限度的理解。

中国是一个百善孝为先的国度。对于一个重视孝道的孩子来说，他的原生家庭、父母的观念会影响他的一生。这种影响正面看是传授、庇护，但随着年龄的增长，就可能会成为束缚、禁锢。

在这个飞速发展的时代，世界包罗万象，讯息转瞬即逝，从没出过三四线小城市的父母该如何指点孩子的一生？不是所有父母都能理性地认识到这一点，所以，做好这项沟通工作的确既需要时间，也需要智慧，更需要必要的强势。

我人生的路径和大部分人不同，没少折腾。多年来，我觉得自己在与父母沟通方面相对成功，他们尊重和支持我对生活、事业的一切选择，对我完全信赖。但这是需要时间磨合的，他们也是从原来的试着支持、慢慢观望，转变为如今的欣然欣赏。

以下三点，可以帮助你处理好与父母之间的关系。

第一，不要受到"孝"这个标签的束缚，不要害怕与父母理念不一致而压抑自我，一定要大胆表达。我的很多朋友，尤其是女性朋友受不了和父母观念对立的僵持，经常以"他们身体不好、不想让他们动气"为由，很快就放弃自己的立场，然后又回到迁就旧观念，无法做自己的状态中。

这五年来，我花了大量时间，帮助我的父母重塑对爱的给予方法的认知，让他们意识到："爱的很大一部分是放手"——孩子是自由意志的个体，请全力以赴将生活的重心聚焦在自己身上。在退休之后，美好的生活图景刚刚展开，请大胆追求属于你们的快乐。

"让我们像朋友一样相处，彼此尊重，维持好各自独立做主的边界。"这成了我和父母之间的共识。他们有开明的头脑、开放的胸怀，愿意不断倾听我的想法并调整自己，我为他们感到骄傲，也深感幸运。

第二，要坚持行动和进步，用行动证明自己的选择是正确的。父母最大的释然不是看到孩子成功，一定是看到自己的孩子安全、健康、快乐。我们的成功是为自己追求的，满足父母的诉求只是其中的一部分。

通过坚持不懈的努力，让爸妈看见我们一天天在成长、进步，离目标越来越近。同时也要看到，所谓的理想不是空中楼阁，确实也能给我们创造好的物质生活。如此，他们才能安心。

花时间带他们体验我们真实的生活很重要，邀请他们与你一起居住些日子，在你一手创造的生活场景中重新演绎和诠释家庭的温情。带他们一起旅行，亲手安排好行程中的一切，也是展现自己硬核实力的最佳方式。

第三，帮他们找到自我。我们的上一代中的大部分人是"丢失"自我的一代，你问他你为什么而奋斗？他说为了家人生活得更好。什么时候最快乐？你快乐我就快乐。他们的思维中大多时候没有自我。尽力多创造一些让自己的父母有成就感、存在感的场景，让他们感到自己是独特的。

比如，我母亲和我一起在上海住的时候，我经常邀请朋友来家里吃她包的饺子，那是她的绝活儿。我还专门买来餐盒，制作了精美标签，上面写着"妈妈的饺子"。然后将她包的饺子速冻起来送给好朋友，她因此收获了一大群年轻人的赞美。同时也在朋友讲述他们的妈妈是什么样子的过程中，认识到自己的确是最出色的母亲。

不妨尝试鼓励父母出门旅行，多给自己花钱，多做一些让自己快乐和满足的事情。亲情和一切关系一样，当关系中的个体到达怡然自得、自在满足时，就变得和谐了。

当然，任何关系都需要双方共同努力经营，但在与父母的关系中，我们应该做主导者，因为我们离时代更近、信息更丰富、更明白自己想要什么样的人生。

花只开一半，才美得最冷静

2019 年 6 月，我陪同父母一起在日本京都游玩。我们去了东福寺，在参天的古木间尽情地呼吸树木和泥土的芳香。在禅院里，我看见一位面相庄严的男人跪在寺前，对着庙堂内的神像祈祷。

他的年纪大约四五十岁，身形高挑，虽然瘦削，但骨骼显得坚实有力，身上的一切都显得庄严肃穆。他身旁放着用旧了但十分整洁的背包，脚上穿着被磨出破洞的袜子……

随后，他起身和其他游人一样坐到地板上，面对着庭院写起了笔记。他的眼里没有任何人，如同心无杂念地在与神明对话。

我有很多年没见过穿破洞袜子的人了，在物质享受至上的今天，我们身边充斥着靠物质水准证明自己雄厚实力、财力和品位的人，有不少时候我自己也是这样的人。但鲜少见过谁的举止这样肃穆庄严，其中深藏着一颗尊严之心——那份质朴的优雅让我肃然起敬。

组成优雅的要素有哪些呢？

我认为，一切关于优雅装扮、言行举止的探讨都只停留在表象，**真正的优雅是首先知道自己在哪里，不需要任何外在事物和旁人的眼光来佐证其存在，知道自己在寻找什么，距离目标有多远，愿意付出什么行动，或快或慢，或什么也不做只是在那里安静等待，是对一切与自己关联事物的了然于心与端正自持。**

有了这颗自持之心，人才会拥有自持的举止，你走路的姿态、表情、目光与眼神，与人交谈或吃饭时手该放哪里……这些具象的问题才会在心的牵引下找到答案。

优雅的本质可以分为两大要素：一是庄严、尊严感，它来自以上所说的自控自持；另一个就是从容，一种在任何场景和环境中淡然自若的定力。无论在会议、谈判场合，还是与人约会，或在朋友的婚礼上，或与家人在陌生国家旅行……没有紧张不安和局促，遇到任何事第一反应不是慌张，而是冷静面对和理智处理。

在意外发生时，一个人的表情和姿态没有发生变动，能够自然过渡；眼神中的宁静和心中坚实的信念没有受到任何惊扰，更不可能被摧毁，仍然在那儿善意地看着世界——这就是优雅。

优雅的生活与高档的物质层级有没有必然关系？

有一定的关系，但物质仅限于帮助你扩展见识、体验与认知。你体验过一切，就有了能丈量一切的尺度，能建立自己判断的准则。你更知道今晚适合自己心情的晚餐，是一顿米其林三星大餐还是一份简单的鸡肉色拉配一杯清爽的白葡萄酒。

一个始终被物欲裹挟的人是不可能优雅的，因为他正在失去自由。

拿破仑·希尔在《安静的力量》一书中记录了他和大富豪、企业家亨利·福特先生一起吃的一顿午餐，他自己点了一份3美元的龙虾色拉，而这位大富豪点了一份8.5美分的三明治。

"福特先生不是守财奴，他只是个有大格局、够心静的人，觉得自己可以想吃什么就吃什么。"拿破仑·希尔这样评价道。

　　能够根据自己当下的心情和需要随意选择，这种洒脱、自由，才是真正的优雅。

CHAPTER 05

独立的姿态:
对自己稍有限制，稳步向前

卸下过去的光环，人总要朝着前方生长

在一个周末的早上，我决定扔掉一些过去的奖杯。那些是我创业四五年来得到的各式各样的奖项，有对我们出品节目的表彰，有对我个人的，有的来自政府，有的来自媒体。

当我把一堆奖杯放在茶几上，准备和它们告别前的最后一刻，我在想：这堆东西到底是荣誉还是玻璃、金属呢？在当时是荣誉，但时代、环境、人和事都变了，我被表彰的表象都变了之后，它们现在只是一堆材料——我这样想。

保留和记忆它们已经没有意义了，当时的经验无法被复制，而它们赋予我的力量，早已被我汲取。所以，我决定扔掉它们，腾出新的空间，让脑袋里的观念、自我认知都从过往的荣誉和失败中解放出来，以空杯心态，去创造新的价值。

当我把它们扔到垃圾桶后，感觉浑身轻松，非常释然，而且找到了一种极其自信的感觉，确定自己完全可以不断地更新旧我，根据自己当下的能力和认知去构建新的价值评判体系，而不被外在的评判束缚。那一刻，我既是自信也是自由的，相信未来一定会创造出更多更好的价值，没有任何疑虑和担忧。

扔掉奖杯的那一刻，给我带来的能量远比奖杯本身要多。当我回到空空如也的茶几前，重新坐下，突然意识到被扔掉的象征成功的奖杯可以替换成失败，如果我能摆脱光环和荣誉的束缚，那我也能摆脱失败的枷锁，也就能摆脱对失败的恐惧，而克服了这一点往往就不会失败。

事实上，无论是成功还是失败，本质上都是相同的，都是在当下某一时点，外界汇集了所有的因素后给我们的一个评判。一切评判既是主观的，也是客观的，只要有一个主观因素或一个客观因子发生了变化，评判就会被推翻，也就不存在了。从哲学上讲，很多评判一经做出就已经不存在了。

我们在这里不过多牵涉哲学，从现实和方法论层面，也能找到充分的理由来解释为何要及时放弃那些过往的光环，轻装上阵。

首先，我们与颁奖者曾经一定是一个高下的关系，我们默认颁奖者的地位和权威高于领奖者，才会认可这份殊荣。但随着我们自身的成长、成熟、一再的成功，很有可能有一天你的位置比对方高，这时感恩曾经被认可和鼓励就可以了，我们需要重新确认对自己价值的认可，以及前方道路上新伙伴的认可。

其次，随着时代和环境的变化，我们要不断有所突破，及时地调整自己的角色，提高自己的能力，不能被职业、专业、身份角色的条条框框给束缚。

首旅如家集团总经理孙坚先生和我交流创业心得时，有一句感言让我印象深刻，他说："困住我们的，很可能是过去我们最优秀的能力。"

所有过去的奖项都在强化我们对过去的身份认同、专业能力认可，会阻碍我们建立新的自我角色定位。所以，不论是过去的表彰还是失败的认定，经常清一清、扔一扔，好处还是很多的。

有很多才华横溢的艺术家拒绝领奖，比如，加拿大文学家、词曲作家和音乐人莱昂纳德·科恩在1968年拒领了加拿大文学界最高荣誉总督奖；"无线电之父"尼古拉·特斯拉曾拒领诺贝尔物理学奖……到了一定的精神境界，真正的卓越者越清楚自己的价值，就越不需要外界的认同。

真正的大师，他们的智慧之光以及一生的勤勉努力，才是真正值得我们学习的。曾国藩有云："凡喜誉恶毁之心，即鄙夫患得患失之心也，于此关打不破，则一切学问才智，适足以欺世盗名为已矣。"说得严厉了些，但以此警句常常自省，可以有，不为过。

学会享受漫无目的的痴迷

一天傍晚，我回家上楼前在公寓大堂见到一个五六岁的男孩儿，他站在那里发呆，也没有按电梯，不知道是不是要上楼，跟他打招呼也不应。

后来，我上了电梯，他紧跟着上了电梯，按下48楼后就席地而坐。这孩子几乎一秒钟都无法等待，迫不及待地翻开手中一本大大的书。

我看得惊呆了，一时难以置信——眼前这个小孩在一个急速上升的狭小空间里如此定心、专注，似乎生命中的半秒钟都不能耽搁，要立刻飞往书中童话世界的某一个目的地。

他和我的距离不到一尺，而此时一方小小的电梯就好像他家舒适的客厅，我就好像他家的壁炉一般，对他造不成任何干扰。

　　在那个小小的身躯和神奇的小脑袋瓜中，我看见了令人叹服的痴迷。

　　电影《一代宗师》中，宫二有句台词，"我爹常说，我这种人，唱戏能成名角，出家能成高僧，因为我会迷。"这种痴迷于某一事物的特质与能力，常常在一个人的孩提时期就能显现。它蕴藏着巨大的能量，就好像一场漫无止境的探险，或一个永远也挖不完的宝矿。

　　很多最终成长为一代宗师、大师的人，这种天赋很早就能显露出来。

　　交流电的发明者尼古拉·特斯拉是一代科学巨匠，也是一个思维活跃、充满个性的天才，从小大脑中就经常出现各种幻象。

　　为了强化自己的思维能力，他在17岁前经常独自旅行，他惊喜地发现，自己可以在不依靠任何模型、图纸以及实验的情况下，就能把所有的细节清晰地呈现在脑海中。

　　他将这种能力发展成一套快捷、高效的发明理念和思路，与按部就班的实验室理论形成鲜明的对比。17岁之后，尼古拉·特斯拉全身心投入了发明创造。青少年时期，他曾被这种毫无来由、甚至无法自控的痴迷所左右，但他成功地洞察了自己的天赋，并利用这份天赋释放出无与伦比的才华，成了著名的发明家、预言家、UFO研究鼻祖，一生之中更是获得了多达一千多项专利。

特斯拉在自传中这样阐释少年时本能的痴迷带给他的深刻影响："我们幼年时期的行为大都出于本能，是在一种幻觉刺激的驱使下而为的。这种早期的本能冲动虽然不会立竿见影，却是最奇妙的东西——因为它们有可能决定我们的命运。如果当初我能明白这一点，着力培养而不是压制那些冲动的话，我会为世界贡献更多的财富。但遗憾的是，我直到成年以后才意识到——我是个发明者。"

一个人早期呈现出对某些行为和事物的痴迷必然是漫无目的的，有人能幸运地发掘并强化自己的能力，在未来找到方向，成为大家。然而，传统教育却常常会打压和抑制这些"漫无目的"的痴迷，如果家长能意识到这其中蕴藏的宝贵财富的话，可能会让孩子的人生轨迹更符合它本该呈现的样子。

　　即便我在创业期间，我依然沉迷于阅读、写作，听爵士乐，在每个清晨喝一杯浓香的咖啡，看着窗外或晴或雨的风景，漫无目的地思考一阵子。这种简单的痴迷，看似无法给我带来任何立竿见影的好处，但这其中又似乎酝酿着一切！

"3个10"理论

"3个10理论"是一种奇妙的决策原理，用得好的话，它能帮助你在任何犹豫不决的时点上做出最好的决定。

"3个10理论"源自苏茜·韦尔奇女士，她是《哈佛商业评论》原总编辑，也是"20世纪最伟大CEO"杰克·韦尔奇的夫人，写过超级畅销书《赢》。

在她的另一本书《你就是自己的幸运星》中，韦尔奇女士以自身经历和思考告诉大家，当重要的选择摆在面前，而你的心中左右摇摆时，请在3个时间点上拷问自己：10分钟、10个月、10年。也就是说，你所做的这个决定在这三段时间内分别具备什么意义、产生什么效果。

有一次，我的朋友苏茜需要在周末出差，到海边的一家酒店开一个重要会议。这时，她已经有了孩子，由于自己正处于事业的巅峰阶段，她很少有时间陪伴孩子。

孩子哭着不想让妈妈出差，她反复纠结后决定带着孩子一起去开会，企图能够两全。

然而，孩子并不适应海边的环境，在妈妈开会的时候一直在旁边大哭。一起开会的合作伙伴觉得她这个人很奇怪，原本专业的职业形象被破坏得一塌糊涂。

这件事引起了苏茜的深刻反思，她觉得自己做了错误的决定。

那么，如何用"3个10"的理论来做一个正确的决定呢？

把孩子放在家里，她专心去出差，孩子短时间内会哭，但可能10分钟就会被保姆哄好，自己去玩了。

10个月内，一次专注的出差与合作者谈判，有可能促成一个非常漂亮的项目，使自己的事业有所上升。

10年后，孩子长大懂事了，并不会因为妈妈没有带他一起出差而怀疑妈妈的爱。

如果能早早梳理清晰这些可能的结果，就不会因为这个小事纠结，最后还搞得一团糟。

我在生活和工作中也经常运用这个方法做决策，要点就是跳出当下的视角，把时间轴拉长到10个月，再拉长到10年，来审视现在这个决定是否还正确。

比如，你要接受一块特别甜美的蛋糕，眼下一定会很满足，如果你经常这样，那么10个月后你一定会长胖，难以穿上那条最完美的连衣裙。

很有可能，在一个你必须出席的宴会上，你会因为身材发福而沮丧，甚至有可能因此错过一位白马王子。而10年后，你会将那块蛋糕的美味忘得一干二净。

有些快乐转瞬即逝，而自律和克制带给你的利益是持久的，回报也更加丰厚。

面对暂时的痛苦，也可以用这个方法来尝试解决。比如，你今天失恋了，10分钟内你一定特别痛苦，可能10个小时都缓不过来。但我劝你一定要用最快的速度整理好情绪，第二天该干什么就干什么，努力表现出最好的样子。10个月后，你将遇上更好的人。10年后，你在和伴侣、孩子、父母享受天伦之乐时，曾经擦肩而过的人和那天为分手而难过的片段，你可能早已淡忘了。

我在苏茜的基础上将这个理论拓展了一下，在制订目标的时候，运用这个方法，能够帮助我们将目标、结果与时效恰当结合——**所有的目标，都要与你希望实现它的时限联系在一起，才会有意义。**

有的目标，10个月就能达到，有的则需要5年、10年甚至更长。一般，在制订长远目标之前，我都会与自己进行几个回合的深入谈话或辩论，以考验自己究竟有多想要实现这一目标。

如果经过验证，确定自己真的非要实现此目标不可，我就会制订计划，按部就班地付诸行动。

举个最简单的例子：健身。健身只是一个行动的过程，我们能否持续下去，并获得满意的成效，关键在于你的目标是什么。在我坚持了半年每周进行五天以上的科学训练后，我的肌肉线条变化明显，身形也更紧致且挺拔，就连脸部的线条都提升了。

很多人看到我的变化后，问我是怎么坚持的，每天是怎么运动、怎么吃的。

对我来说，这几个问题都不是最关键的，最关键的一点在于，开始行动前我就与自己进行了长达一个月的交流，每天都花时间想这个问题："你想要自己的灵魂装在一个什么样的身体里？你的精神世界已经足够丰富和迷人，要不要给它配一个更漂亮的身体，将它烘托得更加美好？"

我最终得到的答案是"要！坚决要！"即便不能拥有一个像维密模特那样的体形，也要在一定的条件下达到最好，需更加挺拔、性感、自信、落落大方……

我有好几个合作关系良好的服饰品牌，常年为我提供最漂亮的衣服，其中有我最喜欢的日本设计师山本耀司的，也有丹麦和西班牙设计师的品牌。

我希望将自己套进那些美轮美奂的大师杰作中的时候，都对自己的身体生出赤诚的喜爱与自豪之情，那是生命中最朴素和最本源的喜爱之情，也是让人在每分每秒都能获得愉悦的途径。

最重要的是，我心中有一个美好的自己的样子——那不是在今天或明天，也不是10个月后，而是10年以后的样子……也就是说，我每天在健身房付出的努力，都是为了塑造自己四五十岁时的迷人魅力。

这样明确了目标后，我不会特别关心每周，甚至每个月的体重与形体变化，我只会不断持续地按照最科学的方法坚持下去。因为我在乎的是半年、一年后的变化，是十年后让自己的灵魂住在什么样的身体里的问题。

有一句话经常会被我们提起，"关注当下，当下最重要。"这意味着你要懂得享受当下那一刻真正的自己，并接受一切生命和环境的变化。同时也要经常提醒自己，不用太在乎此刻这10秒之内的结果，想想10个月后、10年之后这件小事对你意味着什么。

适度的拖延能产生更多创意

作为一个雇主，你希望培养的是按照吩咐做事、保质保量完成任务的员工，还是在创造力方面能给公司带来惊喜的人才？

一个人才首先应该能保质保量地完成组织交给他的任务，但如果这个人能力太强，无法忍受在一个岗位反复执行一项没有任何挑战的任务，他一定会表现出懈怠和停滞不前——实际上，这不是因为能力不足，而是因为能力过强，却被放在了不合适的位置上。

这是我作为创始人和管理者在用人的过程中强烈感受到的——**把人放在合适的位置上，同时给他适度的自由和发挥空间，是多么的重要！**

我们是一家做互联网视频内容的公司，从前端策划到节目成形后的视觉设计与包装，每个环节都十分关键。

这其中，创意性人才发挥着很大的作用。

有一年，我们做了一个健身健美类短视频节目，交给设计团队设计海报。我把自己脑海里的思路分享出来，试图让设计把想法变成现实。然而，海报改来改去，怎么也无法形成好的作品，不是风格不对就是色彩不对。一时间，大家都很气馁。

后来，我静下来反思，一定是在沟通或创造环节上出现了问题，才无法输出好结果。随后，我决定在创意方面彻底放手，不再有先入为主的干扰，让设计师自由发挥。

三天后，一位非常年轻的设计师交给我一幅海报，用的是毕加索式的几何线条，来呈现人物的健美身材，拼接冲撞的色彩也十分大胆——一幅艺术作品级别的海报诞生了！

这就是典型的创造型人才，因循守旧，或者按照既定思路去执行，他或她抗拒，就什么也创造不出来。放他或她出去飞一会儿，就能一飞冲天，为你开拓新局面。

不仅是在用人时要学会放手。给足空间以激发创造型人才的灵感和创造力的同时，我们也要时常观察自己、问问自己，是不是把自己逼得太快、太猛了，在烦琐的事务性劳动中花费了太多时间，让自己的创造力消失殆尽。

这时，一定要从固有思维中跳出来，放自己出去飞一会儿——去野外赏花，去旅行航海，去大自然中将头脑放空，让自由之风吹进来。这样，你会结合前一段实践中的经历和经验，提炼出宝贵的经验，生发出新的创意和灵感。

如果你具备创造力基因，还是要给自己创造一飞冲天的机会——从天上俯瞰地上的风景，毕竟会有趣得多。

优雅藏于精微细节处

有一年，我们在京都拍摄《舌尖上的清流》———部讲述日本清酒文化与历史的纪录片。

拍摄期间，我住在一家日式的酒店，房间虽然不大，但一楼有一个共用的人造温泉水的汤浴池。每晚睡前，我都会去泡一会儿温泉，以消除一天的疲劳。

沐浴空间设计得接近完美，外面是温泉池，里面是淋浴室。

我十分欣赏这里的设计。女士坐在那里，面对着一面镜子，可以在一片雾气中欣赏和关照自己的身体。那个画面唯美极了，我想任何女人，不论年纪、容貌、身材，在那一刻都能全身心地放松下来，并欣赏自己的身体。

这时，我观察到一个有趣的细节，就是我们平时是怎么洗头发的。

比如，在家或在酒店时，大部分的淋浴房都是让你站着洗澡的。如果是长发，在洗头发的时候，你可能会让长发从胸前垂下来、弯腰低头洗，或是直立着上身和脖颈，把头发抓在头上方或垂在身后洗。

垂在胸前更方便，会洗得更快，可是颈椎受压迫而不舒服。而把头发抓在头上方或身后洗，身体可以直立，姿态更优美，却容易让水流冲下来的洗发液进入到眼睛。

而在姿态和视觉上，一定是我们亭亭直立、隐隐约约的沐浴身影更加美好。

这是一个与自己独处的时刻，没有外人会看见我们到底是怎样洗头发的。此时此刻，不用在意任何人的眼光或评价。那真的是一个什么也没有，只有自己的时刻。因此，这也就成了一个很容易被忽略的时刻。

这时，你是否愿意静下心来，好好体验那一刻的自己全身是否舒服，是否极细微地照顾到了从发梢到脚尖，以及身上每一寸地方的感觉？

在京都酒店的一个晚上，在楼下的汤浴室，我注意到身边的一个身影。她舒展着身体，直坐在凳子上，正在冲洗着自己的头发。她微微向左侧倾着头，快要齐腰的长发柔顺地从左肩垂下，她右手拿着喷头，小心翼翼、一丝不苟地让水流从头顶向下涤荡。

她的动作娴熟、自然而流畅，完全不会打湿眼睛。我只是用余光一瞥，就深深记住了那个画面——如此美好。而她的专注和对自己细心的呵护，从肢体传递出对自己的尊重和爱，感染并打动着我。那一刻，她在我心目中如此的优雅。而我，甚至完全不知道她的样子。

其实，**优雅并不是给外人看的，而是自己对自己的感知。**

在与人打交道的过程中，我们能在别人的眼中看见自己，通过他人的语言、神情、行为等信息反馈，知道别人怎样看待我们。

而当我们与外界隔离，剥离了外在的干扰与信息反馈，一个人独处的时候呢？我们能否看见自己？在自己对自己的感受里，你是否也喜欢这个人的样子？是否觉得优雅？这才是最重要的。

想要观察到这些并找到答案，就需要我们看见细节中的自己，看见自己潜藏的那些细节。

有一次，我去拜访MATCH马马也公司的创始者莫康孙先生，我聆听了他40多年广告从业生涯的体悟、见解。

我们在分享案例作品的时候，公司养的猫咪就睡在椅子上，一会儿，它醒来了，轻轻地跃上桌子，自在地漫步。莫老师偶尔一边讲话，一边不经意地抚摸它两下。就这样一个举手投足的细节，让我感受到他是如此的优雅。

"我们希望做一家有趣的，让大家感受到爱和快乐的公司。"他所提到的"体验即内容""作品是最好的KOL（意见领袖）"等观点，既立足于现实又超然于现实。你看，**能真正感染别人的，永远是本真的传递。**

"优雅"只是一个词汇，或者是一个标签，它所代表的内涵，是让自己的身心由内而外真正的舒展——让那个真正的自己走出来，就已足够的迷人。

才华与美貌历来合体

有一句话流行了很久："明明可以靠脸吃饭，偏要靠才华。"这句话听起来朗朗上口，用起来的时候，说的人和被说的人，都往往很开心。可是，你可能没有往深里去思考它的逻辑。

只要稍微想一下，你就会发现，它的逻辑立不住。

比如，往深里追问，怎样算靠脸吃饭？怎样算靠才华？靠脸怎么靠？靠才华又怎么靠？其实，自古以来才貌都是并存的，才貌双全者层出不穷。而要让我们举例说有谁特别美貌而无一样才华，有谁才华横溢可是长相奇丑，那真是很难。

为什么呢？其实，并不是所有美貌都是天生的。与生俱来的美貌很少，即便有，如果不靠后天细心呵护，不以精神的进步滋养，同步提升个人的修养、情调、品格，那先天的美貌也很快会褪色。

人到了一定的年龄，面容上就会留下阅历的痕迹。前面的十几年或数十年，一个人的大部分经历是喜悦还是愁苦，都会凝结在脸上——可能因内心豁达使其面容更加从容、舒展，也有可能因经常计较、愁闷而掩盖了与生俱来的美貌。

豁达之心，是遇到任何问题都能泰然处之，在现实困难面前首先接纳，其次寻找最佳解决方法，这是超人的能力，也是超人的才华。

这种才华和天然的容貌结合在一起，我们会从一个人的目光中看见平和、坚定，果决而没有任何迟疑。他或她的眼神、举止自重持稳，首先悦纳了自己，随之而来的是他人的欣赏和尊敬。

当豁达之心到达一定程度时，这种打动人心的美甚至超越了长相。当他或她徐徐走来，我们还看不清他或她的脸，就感受到——这是一个值得去欣赏的人。

那么，所谓靠脸吃饭的人，具体指什么人或者职业呢？

为了得到答案，我专门花了一些时间去了解和调查。

大部分人会觉得模特、演员、主持人、健身教练、舞者等，算是靠脸吃饭的群体。大约九个月前，我开始系统地健身塑形，因此接触到了很多职业健身人士、运动员，其中一部分人同时也做兼职的模特或演员。

通过真实的交流，我发现，他们过着极度自律的生活，对饮食、作息、身心平衡、内在成长都有着比常人更高的要求。

好看的脸和优美的身材是哪里来的呢？是日复一日的自律、持续的自我塑造得来的。而这些能力，堪称卓越的才华。

有才华的人，或者说首先让外界注意到的是其才华的人，一般都长什么样呢？

我在工作中接触过来自各个行业的卓越人士，比如，银行、投资、咨询、教育……我简单梳理了一下，这些在工作上优秀的人，都保持了相当不错的相貌和身材。

这是为什么呢？只有一个答案——这种人对自己有着高要求——不管是工作上还是生活上，方方面面都是如此。而在工作中锻炼出来的自我管理的能力，也会渗透到其生活中的每一个方面。

　　我真的没有看到颜值和才华分开过——这二者总是在一起的。到今天，我们已经很少听到这句话了，但我相信，一定还会有人不时地问自己——"我的核心竞争力，到底是美貌还是才华呢？"

　　如果你问我，我会告诉你，不用刻意让自己在二者之间做出选择，你完全可以成为一个才貌双全的人。充满善意的美貌是你的名片，你携带着它敲开一扇扇门，而进门之后，靠你的能力证明自己的专业度、责任心、行动力——这一切能力都将属于你，并组合成为一个优美而流畅的闭环。

最大的创造力来自于最舒服的状态

有一位我非常敬佩的企业家，也是我创业的导师——于刚先生，他先后在武汉大学和康奈尔大学攻读物理学，并获宾夕法尼亚大学沃顿商学院决策科学博士学位。

在担任过戴尔全球采购副总裁、亚马逊全球供应链副总裁后，他放下辉煌的职业履历，与搭档刘俊岭先生一起创办了1号店，成为中国最卓越的互联网创业元老级人物。而后，他们又一起创建了111集团，通过科技赋能医药行业，并成功在美国上市。

于刚先生接受《掌门人说》节目采访时，提到互联网行业和线上支付的发展数据："在我们刚创办1号店的时候，用户线上付款比例只有5%～10%，而现在已经接近99%。这个转变过程用了5~6年的时间。"

当线上支付方兴未艾时，首先看见趋势的人在电商平台初期阶段需要承担培养市场和用户支付习惯的使命，这是多么不容易。然而，提前走出用户既定支付模式的舒适圈，领先看到未来，会让大胆突破创新的人最终品尝到丰收的硕果。在这样一个快速变化的时代，企业家率先走出舒适圈，是必然的选择。

无论企业发展、个人进化都是一个螺旋式上升的过程，在实现质的飞跃后，会有一段相对稳定的发展期。在这个阶段，我们感到的是平稳和舒适，这时候，更需要巩固核心优势，在舒服、流畅的状态下进一步发挥潜能。

个人发展也一样，比如，大多数人都逃不过高考时的千军万马过独木桥，随着能力的提升，我们开始追求独树一帜。而创新的前提，一开始往往需要你走出舒适圈，承受一定的风险、压力与考验。

但到后面，当创新者的核心能力形成，则又需要重新构建起一个更大的舒适圈，让自己在自由、舒展、愉悦的状态下发挥最大的创造力。

所以，到底是该走出舒适圈，还是在舒适圈内去创造，我觉得这两者之间并不矛盾，这是一个生命体在发展过程中的不同阶段。

对于我自己来说，曾经有多年活在舒适圈之外。有几件事情，我做的时候从来没考虑过自己的安全和舒适，结果都得到了意想不到的效果。但在这里，我想主要谈谈舒适对一个人发挥最大创造力的好处。

舒适，首先能让一个人的情绪保持稳定。当我们对生活的基础需求不存在任何担忧时，头脑与感觉都能专注在一点，充分地感受内在的灵感，听见解决问题的最准确的声音。其次，人的意志力是有限的，当我们生活在舒适圈中时，就不必为了身体的不适、应付不喜欢的环境和人、吃不爱吃的东西，或背负不必要的压力等问题而损耗自身的意志力，就能把全部的意志力用于突破和创新。

不要用"看我多能吃苦"来证明自己的能力和决心，没必要与别人比谁能承受更糟的局面。要知道，你的舒适圈是由你一手创造的。

木心先生曾说："我是一个吃苦耐劳的享乐主义者。"

做一个快乐的享乐主义者并不需要感到害羞，志小者玩物丧志，志大者则玩物养志。当我们充分地满足了自己感官、情感的需求，真实触摸到生活的丰沛与美好时，创造力就会像泉水一般涌现出来。

我们创造新事物的最终目的，是为了给这个世界增添色彩，让生命活得更加欢愉、自在，有更多美好的享受。创造者首先让自己获得舒畅、和谐的生命状态，才是对生命的最大尊重，也是"我能创造出让生命更美好的东西"的最佳证明。

所以，我永远最赞赏那一种人——他们在创造一切作品之前，先将自己的生活过成了最满意的作品。20世纪实验艺术的先锋、法国艺术家马塞尔·杜尚这样说："我喜欢活着、呼吸，甚于喜欢工作。我不觉得我做的东西可以在将来对社会有什么重要意义。因此，如果你愿意这么看，那么，我的艺术就可以是活着——每一秒、每一次呼吸就是一个作品，那是不留痕迹的，不可见、不可思的，那是一种其乐融融的感觉。"

他还说："我最好的作品是我的生活。"就是本着这样对生活的敬意大于一切，不觉得自己的工作有多了不起的态度，杜尚开创了达达主义和超现实主义艺术风格，对第二次世界大战后西方的艺术发展起到了重要影响。

CHAPTER 06

独立的生活方式：
心怀厨房与爱，才能历遍山川湖海

越主动，越幸福

我们需要用尽一生学习爱——如何爱己、如何爱人，只有认真研习与实践爱的学问的人，才有资格获得真挚、深沉、持久的爱与身心交融的伴侣。

爱是一门功课，更是学问，像任何专业与技能一样。但是，与其他专业不同的是，这个学问一旦融入灵性与悟性，会让人以飞一般的速度成长，某一瞬间的一个顿悟，可能就会将你带入另一层创造爱的境界。

在关于爱的旅程开始之前，我想最先探讨的是——敢于率先将自己和盘托出的勇气。

还是在几年前，我遇到过一个女孩子。当时我还单身，她已经走入婚姻并生了一个宝宝。当时，她与先生一起经商，企业运转良好。我们交谈的时候，正好有一个男孩子发来讯息问候我，这位女孩就热心指导我该怎样捕获他的心。

她提醒我："首先，你万万不能马上回复信息，要让他多等待一会儿。而且，回复的话要短，最好不超过五个字。"

希望表现得矜持，在被动中试探真爱，让对方先付出，可能是大部分女孩子的心思。这些短小精悍的策略，也可以称为手段、计谋、心机，但更像是小孩子过家家的把戏。

我们在期待一段严肃认真、能持续一生为你补给能量的情感关系时，这样可行吗？也许幸运的女孩子能够遇到那个愿意先付出、先证明自己的爱的男孩子，但长期肯定不行，因为没有一个人愿意一直被试探，且不求回报地先付出。

真正优秀的人应该去追求卓越的情感关系和伴侣，应该是与伴侣携手挑战顶峰，那里才有极致的美景。而共同看到过顶峰的美景，并构筑了美轮美奂的极致记忆的伴侣，其情感的纽带与现实关系都会坚实得多、稳固得多。

两个人的生命深深地交融在一起，便不会轻易分开——这是真正的爱给予人们的丰厚奖励。

我所理解的敢于先将自己和盘托出，先奉献出自己最好的爱，就好比你敢于独自攀登险峰，并成功地站上山顶，等待那个人会不会紧跟着上来，随后和你手牵手去挑战下一个山峰。你可能会孤独地在那里守上一阵子，因为本来能登上山顶的人就不多，大部分人止步于山脚下或半山腰。

现实中，有多少人愿意去思考、探索真正纯粹、忠诚和值得信赖的伴侣关系？太多人过早便放弃了，遇见问题后就这样安慰自己："生活就是这样的，人性就是这样的，大家都是这样过的。"

然而，那些最终获得好运气的人，都是首先选择了相信——相信那种纯美至真的关系的存在，然后用正确的方法追求和创造，最后才是得到。

我们相信什么，才会得到什么。

如果你向往与一个人共享一段爱的旅程，不要先设定这段旅程的长短。首先将自己全身心地奉献出来，将最真实的自己和盘托出，交给你选择相信，并愿意努力去爱的这个人。

　　你的爱、坦荡与勇气会激起他的共鸣，使他紧随其后，觉得你是值得信赖和付出的人，这样彼此的感情才会进入良性循环，两个人才能携手去走更长的路，攀登更高的山。

　　不要试图去掩盖真实的自己，不要明明很在乎却装作不在乎，不要明明有冲动全力以赴却要压制自己说要矜持。

　　真爱绝不是靠技巧得来的，而是靠激发而来的。我们唯一要付出的，是成为最好的那个自己——无论是一人独处时，还是在爱人面前呈现的，都是同一个内外统一、不加修饰的纯良的自己。

爱是行动而不是一种感觉

"我再也不能那样投入地爱一个人了。"常听见人们在谈论爱情时发出这样的感慨，并且大多时候出现在女性群体当中。

的确，对一个人怀有深沉而持久的爱，也需要天时地利人和。在青年时代，怀着对爱情最美好的憧憬，遇见一个情投意合的人，全身心开始一段长期的投入，这样的情感和关系在人的一生中留下的烙印是难以磨灭的。

但是不是过了那个易冲动的年纪，一个人越是成熟老练，就越无法再深爱了？

其实，人越成熟理性，在现实中解决问题的能力就越强，越容易获得持久和深沉的爱，越能构建坚定的情感关系——因为**成熟的爱并非一种感觉，而是一种行动，是靠连贯、统一、持续的行动累积起来的情感总和。**

　　当然，我们首先要确定值得你付出爱的行动的对象，然后义无反顾地用实际行动去爱对方。这些表达爱的行动，包括赞赏和鼓励的语言，身体之间的互动，送对方礼物，高质量的陪伴时间以及乐于为对方服务。

　　有一段时间，我集中就这个话题询问一些身边的朋友："你通过什么样的实际举动表达你对爱人的爱？"一般人听到这个问题的第一反应是陷入茫然，然后说："我觉得我很爱他，我一般不善于说，就是去做。"

　　"那你会为对方做些什么呢？"我请受访者将爱的五种语言或行为一一排序，一般他们会思索好一阵子才排出来，或者干脆留白。我继续问："你不爱做这些，那么你的太太或先生（或男女朋友）希望或需要你这样做吗？他（她）是什么感受你知道吗？"对方往往会陷入沉思。

　　好的爱与关系，就是每天靠这些点点滴滴的行动累积起来的。说句不太中听的话——就好像养一只宠物那么简单。不信的话，请你仔细观察一下，每天都受到主人抚摸的狗狗，一定有更安定的神情；如果主人对它爱答不理，疏于照料，狗狗的性情往往乖张、暴躁。

跟孩子和狗狗一样，你所爱的那个成年人，也需要日复一日地被关心呵护、精心照料，能传达你们之间的爱意的就是每天那些细小的举动——从早上醒来枕边温存的耳语，到"早餐你想吃什么""你希望我穿哪条裙子和你共进晚餐"的细致体贴。

你也可以去问问身边的朋友们，自己的伴侣最打动他的事情是什么？

很可能得到的是这些回答："我动手术时他在医院每天帮助我上厕所。""他在我进家门前准备给我调两款鸡尾酒，会问我想先喝冰的还是热的。""我只是在路过橱窗时称赞了一句那个包包真好看，晚上回家就看到包包摆在我的桌子上了。"

没有人会这样回答你——"哦，他最打动我的是我觉得他很爱我。"

法国飞行员兼作家的圣·埃克苏佩里在《小王子》一书中，用寓言的形式说破了一个关于爱的真相——"如果你驯养了我，我们就彼此需要了。"

在一个星球上，一只小狐狸给小王子解释什么叫"驯养"。狐狸说，"对我来说，你只是一个小男孩，就像其他成千上万的小男孩。我不需要你，你也不需要我。对你来说，我只是一只狐狸，就像其他成千上万的狐狸。可是，如果你驯养了我，我们就彼此需要了。对我，你就是世界上独一无二的；对你，我也是世界上独一无二的。"

于是，小王子想起自己"驯养"过的一朵玫瑰花——自己日日夜夜陪她说话，让它成为最美丽的玫瑰花，而获得了她至高无上的爱。这真是一则提醒我们如何相爱的童话啊！连成人们都应该仔细看看，去领悟爱的真谛。

慢就是快

有一年，我在拉斯维加斯出差开会，忙完了还有两天空余时间，就去看各种演出。当地一位舞蹈家朋友推荐我看席琳·迪翁的演唱会，她说："十几年来看下来，我仍然认为她是最值得一看的！"

她当时的口吻是——毋庸置疑。很幸运，我临时到现场买到了票，场内三层看台座无虚席，整整两个小时的演出时间里，全场热血沸腾，我被这位国际天后的完美歌喉和舞台表现力震撼到了。

当时的席琳·迪翁已经将近50岁了，体能、音色仍然保持了极佳水准。听完她的演唱会，我就认真研究起她的履历，想知道是什么造就了她。

原来，她的母亲也是一名歌手。她4岁就登台演出，13岁时就在母亲的协助下写歌并录制样带。随后，她有了自己的经纪人，开始了职业音乐人的生涯。

席琳·迪翁从5岁开始演唱，到30岁因为一首《我心永恒》（my heart will go on）成为全球家喻户晓的音乐巨星。

但实际上，当她选择用数十年，甚至一生来做唱歌这一件事的时候，就注定一骑绝尘，不是一般人能轻易追赶得上。

尽早开始，用所有时间来做一件事，让人知道我用所有时间只做这一件事——就是所谓的"专注三部曲"。

当你坚持三年、五年、十年的时候，大家会质疑，你怎么做一件事做了这么久，也就做到这样子……但当你做了二十年、三十年，甚至一生的时候，所有人都会因为这一件事而钦佩你。因为持久的坚持加上用心，你一定会成为这个领域里最专业、最权威、最有发言权和影响力的人。

你为这一件事付出的所有时间精力，都会沉淀下来，并铸就一张无人能及的名片——这种看似漫长，然而却最直接的路径，会帮你省掉大量徒劳的周旋时间——这就是"快"。

很多人喜欢用自己强大的人脉网络和资源整合能力，同时操盘好几件"大事"。这种人有一些共同特征——思维特别活跃，口才特别好，认识很多人，但他每次跟你聊的都是另起炉灶的新鲜事，他们对每一件事能否成功都毫无把握。不能专注地做一件事，是他们最大的问题。

美国研究机构通过实验统计，一个人在重大任务之间来回切换的效率折损高达30%。加里·凯勒和杰伊·帕帕森两人共同写作的《最重要的事只有一件》一书中，用大量的篇幅证明了只做一件事的必要性，提醒人们：在每一个工作日有28%的时间浪费在任务切换上；来回切换任务还会增加人的压力和焦虑，切换到另一个任务花的时间越多，越难回到原始任务上。长此以往，虎头蛇尾的事只会越积越多——"同时做两件事，等于一件都没做。"

纪录片《成为沃伦·巴菲特》非常值得一看，它不仅适合想成为亿万富翁的人看，也适合平常人看。其中，巴菲特对生活方式、关系形态的选择、情感的表达、家人之间共处模式的思考，也都很耐人寻味。

　　说到专注，其中正好有个段落讲述了巴菲特是如何与比尔·盖茨成为朋友的。

　　他们第一次见面时，就对彼此产生了很深的触动。比尔·盖茨的父亲一直在其生活中扮演着重要角色，一次，盖茨的父亲让这对好朋友在一张纸上写下让他们受益最大的事，两个人不约而同写下同一个词——专注，这也更加深了他们之间的友谊。

　　这两位世界级首富豪无疑用他们一生的时间实践和证明了专注的价值。

　　曾国藩也特别强调过专注的意义，他说："凡事皆贵专。心有所专宗，而博观他涂，以扩其识。"意思是做事第一要专心，有专心而专业，才能有所成就。

　　心理学中有一个近几年很受关注的名词，叫"心流"。很多领域的成功者都描述过自己的心流体验——那是人在极度专注、心神合一的状态下体验到的一种身心能量自然流动的状态，也是人的能量最大、最有效率的状态。

　　对于音乐家、运动员等尤其需要专注力的人，心流的作用更加重要。

能让人感受到心流的活动有以下特征：人在从事这样的活动时有清晰的目标，有控制感，能马上得到正向反馈和激励。

而专注，则是体验到心流的基本要求。这个过程中，会让人觉得时间过得特别快，让你根本没空去想"怎么还没达到目标"等问题。

最强大的时候，是敢于放弃的时候

最体现一个人气力的时刻，不是他在拿起什么的时候，而是他在放下的时候。

有趣的是，这不仅是一个激励人心灵成长的题目，也是我们在健身训练中遵循的一个基本生物学规律——做腿、臀、肩或背等每一个身体部位肌肉强化训练时，专业教练都会指导我们：迅速举起，然后缓慢而有控制地放下。用这样的方法才能使肌肉部位得到最好的强化刺激，在训练结束后促进肌肉增长。

今年，是我创办公司的第五年。我们拍摄和制作了许多有关时尚、美食、旅行、健康、文化艺术以及商业财经的视频节目，有气势恢宏的重量级大节目，也有凝练精美的短视频，人们在手机上就能轻松地收看到感兴趣的视频内容。

很多人看着我一路走来，为我们取得的创业成果感到欣慰和喜悦，但我心里最感激自己的，永远是当初决定放弃安稳、体面的职场生涯的那个时刻——那是我的人生的一道分水岭，是照进生命最强烈的那道光，也是一道裂缝或悬崖，因为人生从此开始了一段截然不同的旅程。

跌宕起伏而充满无限可能的人生画卷徐徐展开，我不是不能回头，而是不会再想回头去过那种缺乏激情和创造性的日子。

放弃之所以很难，令大部分人难以决断，是因为在实施放弃的那个时间点上感受最强烈的是失去，而没有获得。

获得，是在放弃之后才会发生的事情，人们一定是为了获得一个当下没有的、心里更想要的东西而选择放弃。不容易的是，立刻失去的东西是显现的、具体的、可以清晰量化的，而想要获得的新东西还仅仅存在于想象之中，无法被验证，并且存在无法实现的风险。

在放弃的时点，人们获得了什么呢？获得的是"自由"——自由地作出对自己最有利的选择的权利。但也不是所有人都有能力让自己在重获自由时能选择得更好，迅速将自由变现。

对于能力不足的人来说，自由跟一无所有没什么差别。这也是导致人们畏首畏尾、不敢放弃安稳生活的主要原因。

比如，在一段关系里，放弃的一方和被放弃的一方，面对的结果都是失去彼此，但主动和被动却有本质的差别。往往主动放弃的一方有能力选择更好的，而被放弃的一方因为没想好自己到底要什么、有什么更好的可能而措手不及，甚至一蹶不振。

在现实中也存在这样的人，明明自己是被放弃，却伪装成是自己主动放弃的，在这种不敢面对真相的人身上，我们看见的不是力量，而是怯弱。

在科技创新创业界，有一句大家常说的话："因为相信所以看见，而不是因为看见才相信。"人往往要坚定地相信别人看不见而自己有清晰预判的事情一定会发生，才会顺理成章、理直气壮地放弃早已习惯的路径，踏上一段全新而未知的征程。

　　这个过程就像是你来到一条清澈见底的小溪旁驻足而立，深深呼吸着林中清新的空气，你轻轻蹲下身来，将杯子里的污水倒掉，从小溪中盛起一杯透明而甘甜的溪水——就是这么的自然而然。

　　是的，当你真的相信时，一切就是如此的笃定。

　　正如作家和美学家木心先生在《素履之往》里写到的一句话："轻轻地判断，隐隐地预见。"

　　是的，有预见，才会遇见。

　　我想，最后你盛入杯中的水之所以如此澄澈、明净，终究还是源于对最真实的自己的深刻了解——找到了自己真正想要的东西，放弃了只是勉强在敷衍自己的东西。

　　我的一位艺术家朋友莲生先生已经60多岁了，他放弃了自己开办的广告公司，放弃了迅速积累财富的可能性，同时也放弃了他很难适应的与生意人之间的世俗纠缠。

　　他说过的一句话至今还在时不时地扣响我的心门，他说："我要推开所有的门，直到看见我自己来开门。"

　　前几天，我看见他在朋友圈分享的一幅照片，是立夏那日他动手做的早餐：一碟蚕豆，一碗清粥，一枚鸡蛋。

他在鸡蛋壳上画了幅小小的水墨画——一只蜻蜓立在一朵莲花上。我想，那就是他自己遇见自己的时刻吧——真实、自然、返璞归真。

给自己疲惫的权利

我曾一度认为，每天出去拼命工作，不叫苦不叫累，是成功的表现。后来发现不是这样的——每个人的身体都有它的极限，要认识并接受这种极限性，在极限范围内调动自己的能量与外界互动。

很多时候，我们忘记了去感受自己的身体和能量状况，大脑忽略了，或不想承认自己精疲力竭。我对此有过亲身体验。一年春节，我回到故乡，想不到倒在床上整整睡了三天，几乎每天睡上18个小时。

此前，在上海，一个新节目赶着上线，我和团队一起做后期剪辑，很久没得到充分休息。但当时也不觉得累，甚至一直处在兴奋状态。

回来后，我跟一个朋友讲了这件事，她很敏锐地说了一句："可见你有多么累了。"听见这句话，我感到她说出了一句我自己都不好意思说或不想承认的话——我当初不想承认自己会累，不想承认自己的体能也有极限。

这真是一种愚蠢而盲目的自大！后来，我深刻地反省自己。什么人会一直不累呢？一个人即便头脑再发达，灵魂再通透，也都是装在一个人类的身体里——肉体凡胎，不过如此。

我们需要好好地与身体协作，将它当作辅助我们取得现实成就的工具，那就要照顾好它，妥善地保养和维护好它。

在写这篇文章之前，我做了一个调查测试："你有多久没有喊过累了？"

我竟然发现，自己已经差不多三年没有说过累了。当我们身边没有妈妈或贴心男友、伴侣可以倾听的时候，就不能喊累了吗？我们其实可以与自己的身体对话。

很多著名的企业家也曾经熬过他们人生中最疲倦的时刻，也许，那就是黎明前的最后一丝黑暗，挺过去就能看见曙光。

分众传媒的创始人江南春在我们的节目里讲过一段自

己的经历。

2003 年的时候，在上海的一家写字楼里，江南春开始了自己的创业。当时，他只租得起半层办公室。这层楼的另外一半属于另外一家公司，叫软银集团。江南春每天去公司上班时都会从这家公司的门口路过，但当时他也不知道这家公司具体是做什么的，还以为是一家银行。

但由于两家公司共用一个卫生间，所以有时候他会碰到软银的老板，两个人常常会闲聊起来。

软银的老板问，你知道最近 SARS 流行吗？当时江南春叹了口气说，哪有心思关心这个，公司没钱，都快破产了。

软银的老板说，我这边偶尔加一次班，就看见你们那边灯火通明的，干劲儿这么大，你们到底是做什么业务的？

就这样，江南春说了自己的困难，两个人详聊了一下午。随后，软银的老板决定投资支持分众传媒。就这样，江南春以一种意外的方式渡过了这次难关。

每天加班，忙着应付各种烂摊子，还要时刻面临破产的风险，这可能是每个初创企业都曾面临的困境。这时的你感到很累吗？不妨喘口气，和你身边的人闲聊，也许机会就这样来了。

你今天感觉怎么样，累不累？目前的工作强度是否突破了你的承受底线？哪个部位最累？呼吸舒畅吗？今天你想睡多少个小时？想泡温泉浴或做一个SPA按摩吗？

这样的交谈，我们可以每天与自己进行一次。

累的时候就允许自己停下来，休息、修整，一周、一个月，甚至更长。走出去，到大自然里享受和风拂面的感觉，或邀请平时没空见的朋友畅谈。你会发现，当你休息好了，再回到原来的世界再次出发是轻而易举的——不但什么都没有错过，还会因为能量更饱满而遇到更幸运的事。

优点和缺点，本质都是特点

人人都有追求完美的权利，但缺陷却是老天给我们每个人的恩典，谁都不会错过。

我们一生都在发现自己的缺陷，并试图克服、弥补。然而，有的缺陷你无论如何都无法弥补，如此，欣然接受是最好的选择。而且，说不定我们会因为这个缺陷获得意外的转机。

我有一位来自西班牙的朋友莫妮卡，她创办了一个服装品牌Zurita，一直提倡绿色、环保的时尚。

有一次，她邀请我去主持一个公益项目派对。与她合作的工厂为了社会责任，请了一些残疾人员工。于是，她邀请了几位残疾女工做模特，穿上她们参与生产的衣服，请专业的时尚摄影师拍摄了一组非常感人的照片，并制作了一个视频短片。

视频中的女工们显得格外靓丽，她们那活泼的表现掩盖了身体上的缺陷，她们眼神里的神采、自信和对生活的美好渴望与平常人没有什么不同！"我们生来完整，成功源于自然"，我被这个公益活动传达的主题所折服，立刻加入了这个活动。

当晚的活动在外滩一个时尚餐厅举行，在乐队和鸡尾酒的相伴下，姑娘们的相片被展示在墙上，让人过目难忘。那天，身有残疾的女工们都到场了，她们静静地坐在那里，也被请到台上与大家打招呼。我和她们一一拥抱。

我感受到，她们内心十分平静，在她们自己的世界里，自身是完整的，在陌生的环境下没有任何慌张，显得怡然自得。她们脸上的笑容虽然和平常人有些不同；但眼神里的从容毋庸置疑。

对此，我非常受触动。就在那个时刻，我想起了一句话——在这个世界上人人都存在缺陷，只是有的缺陷看得见，有的缺陷看不见。

她们全然接纳残缺的自己的方式，值得每个身体健全的人学习。我太胖了，我太矮了，我一度在情感世界受伤，内心无法愈合了……是不是经常有人悄悄在内心这样否定自己，并试图掩盖缺陷？

换位思考一下，我们能像这些女工们一样，带着缺陷大大方方、坦坦荡荡地走出去吗？甚至勇敢地站在镜头前展示天生残缺的自己吗？

我们可以全然接受并不完美的自己，包括那些可以弥补或永远无法改变的残缺。我们可以在缺陷的陪伴下获得更多的快乐、成功。我们有朋友、家人、同事、合伙人……一个人的缺陷永远可以靠人与人之间的相爱、支持、互助来弥补。

我的外婆，一个95岁的老人，年纪大了之后她一直耳背，跟她讲话时需要紧贴在她的耳边大喊。她身体健朗、思路清晰、心无挂碍。我和家人一直认为，耳背这个缺陷，反而成了外婆生命中的恩惠——使得她耳根清净，才终得心思澄明。

所以，无论什么缺陷，本质上都是特点；而特点在恰当的情境中，就能变成优点。

CHAPTER **07**

独立的能力：

内心有伞，自然不惧风骤雨急

所有的遗憾都有橡皮擦

大部分人都希望自己的人生不留遗憾，但几乎没有人能完全没有遗憾。有一天，你会在某一个时刻发现，自己曾经以为无所谓的东西多么弥足珍贵，可惜时光已无法回头。

原来，当时的自己不懂得珍惜，或是没有足够的智慧和能力去维护好命运赐予你的那座宝矿。

那么，该怎样处理自己跟过去的遗憾之间的关系呢？把它当成一个情绪黑洞，任由它昏天暗地地黑下去，常常来吞噬你眼前的光明；还是当成一道曾经流血的伤口，被动等待时间让它自然愈合；还是像块补丁一样，用针线缝缝补补，但永远摆脱不了修补过的破碎痕迹？

让我们重新打一个比方来看待遗憾。

你的人生是一张白纸，你在上面作画，先用铅笔打底、素描，描绘出轮廓和细节，再一点点地填充色彩，最终形成一幅美满的图景。你人生中的遗憾，就是在作画过程中出现的败笔。然而，最有名的画家都会失手，此时该怎么处理？

拿橡皮擦擦除，重来。

有时候，是用水彩着色，填完发现太浓烈，应该淡一些，于是用白色涂料将色彩铺平，重来。有时候发现太糟糕了，画面中的格局、构图、轮廓、色彩，都跟你的本意大相径庭，你不想再继续画下去了。这个遗憾太大了，让人无法沿着这个令人遗憾的路径继续未来的创作，这样的失手是否有办法改正？

我想是有的——可以撕掉这张画布，换一张白纸，重画一幅。这个代价很高昂，需要决绝的勇气，但你的收获同样可观，你的勇气会给你带来崭新的生命图景。

最关键的是，无论你是使用橡皮擦擦除遗憾，还是撕掉画布重画一幅，彼时彼刻的你是谁？从前面的经验中有没有获得认知的提升、智慧的长进？

我建议你不要立刻重新起笔，而是给自己一段时间，弄明白自己究竟想画出一幅什么样的作品来。

这首先源于对自我的深刻认识和理解，其次是对过去失败和痛苦的深刻总结。不要回避，直面过去，弄清楚失败的原因到底是什么——这值得我们一再追问，直到找到问题的真相。

这个过程可能痛苦而漫长，但是，只有如此，才能确保你换了一张白纸之后，能创作出更好的作品来。可能，重画时你还会有失误，但至少不会犯相同的错误。这就是人生中的那些遗憾最大的可取之处——它帮助我们迅速成长和进化，使我们看清自己究竟最在乎什么。

最后，你会承认遗憾的存在，却又成功清除了遗憾。别人问你有遗憾吗？你说有——"我失去了那个好东西，并且再也无法挽回，但是它给了我积极的能量和更成熟的心智，让我创造出更好的作品！"

毕竟，你正在拥有的一切才能证明你是谁，而不是过去——无论过去是拥有还是失去。

人生的低风险策略

　　风险是无法被预先量化的损失。在投资原理中，期待得到的投资回报越高，需要承担的风险就越大。所以，风险不总是坏东西，是有价值的。善于适当地承担和管控风险的人，会获得更高的收益。

　　做任何事都存在风险，不要害怕风险，最怕的是对风险没有清晰的意识。

　　像任何专业的投资机构都会设置风险评估部、风险控制部一样，我们做任何事情之前，首先要进行一下风险评估。

　　这件事需要我们投入多少成本？成功的概率有多大？一旦失败，最大的损失是多少？这个最大的损失我们能否承担？不只是投资或做生意需要这个评估过程，投资爱情、友情都应该进行一下评估。

可能你会说，太理性的人生缺乏乐趣，在风险可控的范围内尽情地撒欢儿才是明智之举。然而，我要说：不要在无知中踏上一艘即将沉没的游轮，即便那上面有小美人鱼和王子们在狂欢。只要做好风险评估和管理，我们完全可以登上不同的游轮，安全地游遍世界。

在失败中，我们主要会遭受几方面的损失：金钱的损失、情感的损失、身心健康的损失、时间的损失。在项目启动前，先设好底线，一旦触及了这个底线，就要立刻止损——也就是停止继续投资。

这是一个安全的界限，在界限内出现任何问题，奋力解决就好了。一个良性的项目是在这个安全范围内通过不断地解决问题实现螺旋式上升的，经营企业和经营关系都是如此。

不要等亏光或负债累累时再决定撤出。就像在大海里游泳一样，如果发现根本看不到对岸，我们就要给自己留足游回来的体力。在很多情况下，及时止损显得很难，因为选择结束可能比选择开始更难——你已经付出了那么多，而终止意味着自我否定，承认自己曾经的选择和坚持错了。

　　我大学的专业是会计学，在这里，我很想跟大家分享一个财务概念——沉没成本。这是指已经发生、不可收回的历史成本，它对现有事物的价值不再产生影响，做决策时应当避免沉没成本的干扰。

　　直白地讲，就是如果你现在手里捧着的是个玻璃弹珠，哪怕你曾为它付出了夜明珠的价钱，也要依据当下"它只是个玻璃珠"去做未来的决策，决定扔掉它或者处置它——因为曾经付出的一切都不再有意义。

　　当机立断的止损，避免更大的风险发生而无力挽回，能让我们继续走好后面的路。

　　风险出现时，产生的损失也并非没有意义。只要善于提炼和总结，那些宝贵的经验和教训就能指导我们未来做出更正确的选择。

　　我的一位朋友非常优秀，她从哈佛MBA毕业后创业创办了青苹果健康网。她也曾是我一档创业节目中的嘉宾。

　　五年后，大家在朋友圈收到了她作为创始人和CEO给全体员工的最后一封信——董事会决定停止公司的运营。这个平台服务过超过 200 万名患者。她在信中最后说："我尽力了，没有留下遗憾。"

每一次创业都会存在最后失败的风险，但不能否认这一过程中创造的价值。在无法继续时选择理性的终止，是我们能做的最好的决定。

我对她这样善始善终、大大方方的告别充满了钦佩和尊敬！说不定她很快会带着一个更好的商业项目回归。就算她选择痛快淋漓地去周游世界、享受生活，那也是另一种意义上的成功。

钱很重要，又不重要

查理·芒格在致富之前说自己有一天决定"要成为一个有钱人。"多么坦率的美国式幽默！一个人面对金钱，是要拿出认真劲儿的。

金钱对于幸福的人生来说的确十分重要。金钱关乎自由的尺度，让我们可以腾出充足的时间，去想去的地方，跟喜欢的人以喜欢的方式在一起。金钱让我们感到安全、从容，可以不紧不慢地过日子，可以自由支配自己的时间。

对待金钱，首先要体面地、大大方方地承认自己对财富的需求与渴望。千万不要说："我对那些物质的东西没什么感觉，我最享受的是精神世界，我对美食不感兴趣……我喜欢穷游，不喜欢住豪华星级酒店。"

那财富可能就真的不会找上门了——"反正这个人不需要钱"。

　　我想跟你分享的是如何克服穷人思维。这一点太重要了，因为它是阻碍我们真正去探求世界多么美好，并发现自己内心深层渴望的一座山。

　　极致美好的东西一定是昂贵的，因为它需要设计、打磨、高档的材料、时间的沉淀，你可以不立刻买下它，但你应该在拥有之前去关心和体验它。如此，我们将获得更多努力的动力，知道累积财富是为了获得什么。而绝不是在原地打转，过一成不变的生活！

　　在我初入职场、收入微薄的阶段，经常让"我没钱""我现在买不起这个""这么昂贵的东西与我无关"这种潜意识绑架，因此错过了很多美好的体验。

　　为了克服这种思维，我用了最简单的训练方法，就是走进一家商店，专注地去欣赏物品本身的美，将"我有多喜欢它"这个问题置于"我是否买得起"之上。如果你确定自己喜欢它，再看价格。当你确定自己十分想拥有它时，再询问能不能还价。

　　长此以往，我们会真正在意自己的内心感受以及物品本身与自我的契合度，而不只是价格的表象。**对价值**

达成的共识，远比价格本身重要。对人、对事、对生意、对客户、对合作伙伴都是如此。

还有一点很重要，不要不停地查看账户余额。这里说的不是行为，而是一种心态——不仅不要看，连想都不能想。

在你储备好一段时期的生活所需或运营资金后，哪怕并不宽裕，也不要让自己处于"余额不多了，用完怎么办"的焦虑中。这会分散走你的专注力和创造力，也会影响你与人打交道时的信心和气场。

要知道，你的一举一动都是信号，在他人眼里，焦虑释放的是即将失败的信号。而从容和平静，则释放出必然成功的信号。

有了一份镇定和从容，哪怕财富积累并不雄厚的阶段，我们也可以出让些利益，在合作中率先迈出一步。很多时候，只有把第一件事情做成，才有第二步、第三步，所以在合作中迈出第一步非常重要。

我们可以把这理解为投资，使对方在合作的过程中充分认识到你的能力、人品，给未来更多的合作留足空间。

事实上，这些事业伙伴往往能给我们带来更大、更有价值的项目。

1号店创始人、111集团联合创始人兼执行董事长于刚先生是我的创业导师，他的创业历程和著作《激情创业》指导和影响了一大批年轻创业人。他用互联网思维和模式打通了医疗行业的上下游，创建了医药健康的新零售服务平台1药网，并成功在美国上市。

看到上面这段文字，你可能会以为于刚先生是一位电商大佬。可实际上，他还有另一个更重要的身份——学者——他曾经在2002年获得国际工业工程师协会颁发的"优秀研究奖"。

如今，学者出身的于刚先生仍旧是一身儒雅气质，非常谦和、严谨、真诚。他经常说，人一生创造的财富到最后只是一个数字，而真正珍贵和留在记忆里的，是那些年、那些人、那些事儿。

本着这样的情怀，他近来又出版了一本书《岁月如歌》，分享他的哲思与眼中的万物之美。我相信，在他一次又一次地在自己的领域获得世界瞩目的成就之时，真正激励他或阻碍他的从来都不是钱的事儿，一定是更大的情怀、梦想、使命、责任。

我经常问自己，赚钱是为了什么？得到的回答是，赚钱不是为了钱本身，而是为了钱能买到的东西。我非常感激自己选择的工作，它能带我到世界各地旅行，体验最好的人文风光、文化历史、美酒美食、不同特色的酒店，与各领域成就卓越的人对话……

妙在休止处

"休止"，是个充满了美感的词汇，在乐谱中有休止符，用来提示演奏家音符和音符之间停顿的时长。它决定着乐章的节奏，让人回味的空间。试想，一篇没有休止符的乐章一定无法入耳，也会把演奏者累坏的，不是吗？

在我们前行的路上，也应该重视"休止"的意义。也就是停驻、停留、小憩。可以让人回顾前路，总结思考，感知自己的经验和收获。也可以什么都不做，不怀有任何目的性，就是停下来，什么也不做。

彻底地放空、遗忘，忘记周密的规划和远大的目标，在"止"中静静感受能量的回流，人在彻底放松的状态下会产生一些意想不到的灵感。

这并不容易。我们从小被教育要笨鸟先飞、勤能补拙，或以比别人更能吃苦为荣。休息的多了仿佛就是懒惰，觉得羞愧。我自己也是花了很长时间才挣脱这些概念的枷锁。须知，只有在身体、心灵、头脑都保持相当澄明、轻快的状态下，才有准确的判断力，做事才会事半功倍。

否则，会常常做出错误的判断，让身体在错误的方向上拼命赶路。这看似勤奋，实际上却是无意义的徒劳。

有一次，我和父母在京都游玩。我的心情十分放松，在父母的陪伴下，我仿佛回到了无忧无虑的少年时代。而我又将酒店、观光线路安排得井井有条，这让我充满了成就感。每天晚上回到酒店，我和母亲就一起泡温泉，享受母女二人的亲密时光。

这段时间里，我彻底忘记了工作。一天晚上，我躺在床上看白天拍的照片，发现有几张走路时的抓拍，自己的体态不够优雅。于是我马上跟母亲说："妈妈，我发现我走路有一点外八字。"

母亲马上反馈我："这个问题我不是半年前就给你指出过吗？当时你说，妈妈，请别对我吹毛求疵。"我恍然大悟，这个问题确实一直存在，可是我没有从内心真正地接纳———一直抗拒，也就无从更改。

当晚，我从网上搜索人走路时内八或外八的定义、原因、发生的概率。同时浏览了大概两百多张模特和名人的街拍照片，观察他们的脚型。

事实上，人在走路时，脚尖略向外5~15度范围是常见的，但超过10度就会影响仪态和风度，女性走路时最好是双脚脚尖朝向正前方。

在所有好看的名人街拍中，80%以上的脚尖都是朝正前方的。于是，在京都游玩的随后两天里，我彻底修正了这个缺点，以后再没犯过。

这不是一个缺点，有它存在可能没什么大不了，但是消除它会使人趋近完美。修正以后，我更能感受到走路时身体核心的发力，整个体态更加平衡、平稳，对于风度提升很有好处。

为什么半年前母亲提醒我时，我置之不理，选择继续保留这个缺点呢？

是因为自己忙于工作，头脑中都是烦琐的待处理事项，根本没有空间吸纳这一类的信号，被外界牵引而忽略了自身。当我从工作的节奏中休止下来，没有外界干扰，就很容易关注到自己的身体——哪里好、哪里不好，哪里舒服，哪里还不够自在……

这重要吗？比起签一份金额很大的合同，这个体态上的小事重要吗？身体美好的形态每天为你赢得的赞叹，会在暗地里为你促成多少好事的发生呢？这个无法量化，但我相信一定比一份合同的价值更大。

这就是我在休止状态下得到的一个奖励。我因此成了一个步态更加优雅的人。后来，我给朋友讲这个故事时，每每惹得大家捧腹大笑。他们会说：你看，女人要是有了决心，就是又快又狠。

简简单单的一个小事，让大家知道我能正视并接纳自己的缺点，还能又快又狠地修正。它还为我赢得了欣赏和信任，这无疑更有意义。

多停下来——休止，彻彻底底、什么也不期待的那种休止，你不知道会发生什么，但说不定就有很妙的事发生。

生活需要边界感

在任何地方、场景下找准自己的位置，扮演好应该扮演的角色，是一种相当重要的能力。如果你能将之运用自如，一定会取得卓越的成就。

我们都知道，巴菲特和查理·芒格是一对终生的好拍档，他们互相尊敬、欣赏。在巴菲特眼里，芒格绝对是比他更聪明、更有智慧的人。但是，当芒格在总结当合伙人的经验时，说他自己在巴菲特身边是一个服从型合伙人。

"我曾经当过指挥型合伙人、平等协作型合伙人，人们无法相信我在沃伦身边成了一个服从型的合伙人。总是会有人在某些方面比你优秀，人们应该学会扮演任何角色。"

我相信，很多重要的决策是二人借助对方的智慧共同做的，但在姿态上，查理·芒格这样一位大师都愿意做"服从者"，随时调整自己的角色，可见这多么重要。

每一个有才能的人，都会同时具备作为领导者的能力。但要充分地施展自己的才能，就需要你在不同合作场景、人物关系中，善于先站在全局之上，找准自己的位置。

一个创始人，在自己的公司就是一个船长——把握航向，下达指令。

在外部合作中，尤其是多方合作的关系结构中，要清楚自己不再是领导者。可能你会从一个乐队指挥转变成首席小提琴的位置，也有可能成了一个打击乐手，也有可能是整场演出的报幕员。

在合作中，我们千万要提醒自己：放下小我的表现欲和对自身价值的证明欲，当合作的每一个环节流畅自如，最终呈现出一场精彩的演出，每个角色的价值都不言自明。

因为从事过主持人的工作，这点我深有体会。在我没有创业之前，经常主持财经论坛，我会在自己的位置上把专业做好，包括财经专业功底、调动信息与整合分析的能力、把控嘉宾话题走向的能力、及时与观众互动的能力……

可以说，我做得不错。后来，自己创业后，我发现再被邀请主持论坛的时候，我有点混淆自己的角色定位和功能，总想绕到台后去看技术、看灯光。主要嘉宾迟到我会担心，还会对现场很多细节在心里暗自评判。

这其实是没必要的，因为我在这里不是主办方的领导者——我改变不了什么，反而耗费了自己的能量，甚至消减了做好本职的专注力。于是，我告诉自己，有的时候你做主，但有的时候，安安心心扮演好你该扮演的角色就很好。

准确的调换频道，用最快的速度做角色转换，不仅要用在工作中，更要用在从工作到家庭中。在一个公司的创始人或者CEO眼中，管理者、决策者需要理性、严格、逻辑、果断、原则，等等，大部分属性是冷冰冰的；员工们的热情、感性、温存是要靠后的。

但在家中，我们应该更多的释放天性。和孩子、伴侣、父母在一起时，就要收起一个部门总监做绩效考评时所采用的那一套条条框框，用感性的怀抱迎接爱、施与爱。

从工作到家庭的切换，有一些方法是可以自我训练的。比如，在早上、晚上的非工作时间尽量不看手机，有意识地屏蔽一些工作电话或讯息。不要害怕为此而失去工作或客户。你应该有信心——如果你真的有能力，就不可替代。你完全值得拥有与家人高质量的共处时间。

有时候，我们可以试着卸下强者的武装，而非什么都去一手操办，责任都要扛在自己肩上，给其他人一些存在的意义和表现机会……

一个成年人行走于世，一定会扮演各种角色。而最好的状态，无疑是能享受在每一个当下所扮演的角色，这是一个成年人必须的边界感。

所有失去的，都会以另一种方式归来

我丢了一枚钻戒，这是年内我觉得最可惜的事——一个经济价值不小的损失。

它是一颗南非1.01克拉黄钻，周边镶嵌着几十颗小碎钻，这是我送给自己的宝贵礼物——我人生中的第一颗钻石。

可我竟然把它丢了！那天，我身边的人帮我尽力寻找，还调了监控录像，甚至还翻过垃圾桶。但是，它回不来了，我得接受并面对这个现实。

回忆它与我在一起的时刻，它在我左手中指上闪闪发亮，它带给一种我微妙而切实存在的能量，让我感到自己独立、拥有财富、懂得宠爱自己并对生活有掌控权。

这是一个女人买给自己的钻石，能够给她的精神带来的最可贵的财富。

可是，不知何时，它从我手上滑脱，再也回不来了。那天，我一面如常地行动，开会、走路、运动，一面时不时感到手指上空空如也。我对每个遇见的朋友坦诚相告，得到了以下几种安慰：

"我有一位朋友家里做钻石的，在南非有矿。我介绍你们认识，应该比市场价格低很多，再为自己选一颗。"一位良师益友说。

卖给我这枚钻戒的设计师惋惜过后也说："找时机我再用最大的优惠给你做一枚。"

我宽了宽心，他们安抚了财产损失给我带来的失落。但我本来所珍爱的、相伴良久的那颗钻石却回不来了。

"相信一切发生都是机缘。"我的另一位朋友对我说。

"可是我心疼。"

"心疼也是爱。"这句充满了禅意的话，让我豁然开朗许多。

是啊，如果不失去它，我并不会意识到我如此爱它。现在，我感受到自己浓烈的爱意，更察觉到了它过去带给我的如此多的能量——我比拥有它时更加感恩和爱它了。

第二天，我请一位十年的好友吃饭，为她庆祝生日。我把前一天的经历告诉她："我难过了一天，但今天已经放下，不再难过了。"

"啊，你用了一天就不再难过了。那看来你值得拥有十颗钻石。"

她说完，又补充道："而且下一颗钻石一定是别人送给你的。"

我开心地笑了。并且，我相信她说的。

又隔了一天，一位很绅士的先生对我说："我为你的失去感到惋惜，可是为你能这样面对失去感到骄傲。如果我们相爱，我会为你买一枚钻石，然后你这辈子都不再需要别的钻石了。"他在伦敦讲这番话，虽然相隔遥远，但声音十分亲近。

我能感受到他的真诚与善意，将我心里最后一丝失落彻底溶解了。我甚至开始为这失去感到欣喜。

又过了两周半，在一家法餐厅里，我把这一切向一位三年未见的朋友娓娓道来。

"我来说两句吧，"她说，"所有的财富都在流转，我们每个人都只是短暂地拥有。那颗钻石并没有消失，它在另外的人手上，无论是意外捡到还是故意拿到，他此刻一定需要它，可能把它换成钱，在帮助另外的人过上更好的生活。它的价值并未消失，而是在为另外的人服务。"

听过这番话，我仿佛看见那颗产自南非的黄钻正在世界的某个角落闪闪发光，从未暗淡过……而它属于谁已不再重要。

我在这里分享的是我过去一年最大的失去，也是我在这一年经历过的最漂亮的故事。

在其中，我感受到了身边人浓浓的爱，还有他们宝贵的智慧。这些爱与智慧带给我的力量已经远远超过了那颗钻石，将会润泽我一生。